Sitzungsberichte der Heidelberger Akademie der Wissenschaften

Mathematisch-naturwissenschaftliche Klasse

Die Jahrgänge bis 1921 einschließlich erschienen im Verlag von Carl Winter, Universitätsbuchhandlung in Heidelberg, die Jahrgänge 1922—1933 im Verlag Walter de Gruyter & Co. in Berlin, die Jahrgänge 1934—1944 bei der Weißschen Universitätsbuchhandlung in Heidelberg. 1945, 1946 und 1947 sind keine Sitzungsberichte erschienen.

Ab Jahrgang 1948 erscheinen die „Sitzungsberichte" im Springer-Verlag.

Inhalt des Jahrgangs 1949:

1. H. Maass. Automorphe Funktionen und indefinite quadratische Formen. DM 3.60
2. O. H. Erdmannsdörffer. Über Fasergranite und Böllsteiner Gneis. DM 1.20.
3. K. H. Schubert. Die eindeutige Zerlegbarkeit eines Knotens in Primknoten. DM 2.80.
4. K. Holldack. Grenzen der Herzauskultation. DM 4.20.
5. K. Freudenberg. Die Bildung ligninähnlicher Stoffe unter physiologischen Bedingungen. DM 1.—.
6. W. Troll und H. Weber. Morphologische und anatomische Studien an höheren Pflanzen. DM 7.80.
7. W Doerr. Pathologische Anatomie der Glykolvergiftung und des Alloxandiabetes. DM 9.80.
8. W. Threlfall. Knotengruppe und Homologieinvarianten. DM 1.50.
9. F. Oehlkers. Mutationsauslösung durch Chemikalien. DM 3.80.
10. E. Sperner. Beziehungen zwischen geometrischer und algebraischer Anordnung. DM 3.—.
11. F Heller. Ursus (Plionarctos) stehlini Kretzoi. DM 4.80.
12. W. Rauh. Klimatologie und Vegetationsverhältnisse der Athos-Halbinsel und der ostägäischen Inseln Lemnos, Evstratios, Mytiline und Chios. DM 10.50.
13. Y. Reenpää. Die Schwellenregeln in der Sinnesphysiologie und das psychophysische Problem. DM 1 60.

Inhalt des Jahrgangs 1950:

1. W. Troll und W. Rauh. Das Erstarkungswachstum krautiger Dikotylen, mit besonderer Berücksichtigung der primären Verdickungsvorgänge. DM 13.40.
2. A. Mittasch. Friedrich Nietzsches Naturbeflissenheit. DM 8.80.
3. W. Bothe. Theorie des Doppellinsen-β-Spektrometers. DM 1.90.
4. W. Graeub. Die semilinearen Abbildungen. DM 7.20.
5. H. Steinwedel. Zur Strahlungsrückwirkung in der klassischen Mesonentheorie. — Die klassische Mesondynamik als Fernwirkungstheorie. DM 1.80.
6. B. Haccius. Weitere Untersuchungen zum Verständnis der zerstreuten Blattstellungen bei den Dikotylen. DM 6.20.
7. Y. Reenpää. Die Dualität des Verstandes. DM 6.80.
8. Petersson. Konstruktion der Modulformen und der zu gewissen Grenzkreisgruppen gehörigen automorphen Formen von positiver reeller Dimension und die vollständige Bestimmung ihrer Fourierkoeffizienten. DM 9.80.

Sitzungsberichte
der Heidelberger Akademie der Wissenschaften

Mathematisch-naturwissenschaftliche Klasse

Jahrgang 1967/68, 5. Abhandlung

Die Entwicklung der Hypothese vom nichtklassischen Ion

Eine historisch-kritische Studie

Von

Walter Hückel

Pharmazeutisch-Chemisches Institut der Universitat Tübingen

(Vorgelegt in der Sitzung vom 11. November 1967)

Heidelberg 1968

Springer-Verlag

ISBN-13: 978-3-540-04331-7   e-ISBN-13: 978-3-642-46144-6
DOI: 10.1007/978-3-642-46144-6

Titel-Nr 6727

Die Entwicklung der Hypothese vom nichtklassischen Ion

Eine historisch-kritische Studie

WALTER HÜCKEL

Pharmazeutisch-Chemisches Institut der Universität Tübingen

Inhaltsverzeichnis

I. *Bromoniumhypothese* 3

   1. Der Ausgangspunkt: Die Bromoniumhypothese 3

   2. Anwendungen der Bromoniumhypothese I 9

   3. Anwendungen der Bromoniumhypothese II 11

II. *π-Komplexe von Olefinen* 14

   4. Der Bindungszustand in Metall-Olefinkomplexen 14

   5. „Lesen" der Resonanzhybridformulierung für das Bromoniumion 18

   6. Vergleich der Struktur eines hypothetischen Bromonium- oder
Chloroniumions mit der Struktur realer Metall-Olefinkom-
plexe 22

III. *Kryptoionen-Reaktionen* 24

   7. Nichtklassische Carbeniumionen 24

   8. Formulierung nichtklassischer Kationen mit Hilfe der „Resonanztheorie" 26

   9. Mesomerie bei nichtklassischen Ionen? 29

  10. Definitionen eines „nichtklassischen Ions" 33

  11. Die Bedeutung der Solvatation 36

  12. Ionisierung in Lösungsmitteln mit Ansolvosäuren 41

  13. Die Bedeutung der Hypothese von den nichtklassischen Ionen 45

IV. *Struktur- und Reaktionsformeln* 48

  14. Thieles Partialvalenzhypothese, verglichen mit der Hypothese
von nichtklassischen Ionen 48

I. Bromoniumhypothese

1. Der Ausgangspunkt: Die Bromoniumhypothese

Die Bromoniumhypothese soll in erster Linie die Stereospezifität der trans-Anlagerung von Halogen an eine Doppel-

bindung erklären. Deren Modell nach VAN'T HOFF läßt nach dem Schema:

$$\text{Br—Br} \qquad\qquad \text{Br} \quad \text{Br}$$
$$\diagdown\!\diagup\,C\!=\!C\,\diagup\!\diagdown \quad\rightarrow\quad \diagdown\!\diagup\,C\!-\!C\,\diagup\!\diagdown$$

nur eine cis-Addition vorhersehen. Der Erklärung einer möglichen trans-Anlagerung liegt letzten Endes der Gedanke zugrunde, den Vorgang als Stufenreaktion mit einer Folge von Ionisierungsvorgängen aufzufassen. Ursprünglich hat ihn ROBINSON[1] geäußert: Nach Spaltung des Halogenmoleküls in ein Kation und ein Anion soll ersteres als Acceptor für das π-Elektronenpaar der Doppelbindung dienen, mit dessen Hilfe sich das Halogenkation an eines der beiden doppelt gebundenen Kohlenstoffatome mit einer σ-Bindung kettet. Die Elektronenlücke am anderen wird durch das Halogenanion aufgefüllt. Danach erscheint eine trans-Addition möglich, aber keineswegs als zwingende Folgerung[1a].

Der Grundgedanke einer polaren Addition ist zweifellos vernünftig; er steht mit den Versuchsbedingungen einer nicht radikalischen oder nicht atomaren Halogenanlagerung (wie sie sich bei der photochemischen Halogenierung vollzieht) in Übereinstimmung[2]. Man braucht dafür aber nicht eine vollständige Spaltung des Halogenmoleküls in entgegengesetzt geladene Ionen anzunehmen, sondern es genügt dafür eine Polarisierung als einleitender Vorgang. Die Anlagerung beginnt am elektronenarmen positiven Ende im Sinne der Formelbilder:

$$\diagdown\!\diagup\,C\!=\!C\,\diagup\!\diagdown \;+\; \overset{+}{\text{Br}}\!-\!\!\underset{\cdot}{}\!-\!\overset{-}{\text{Br}} \;=\; \diagdown\!\diagup\,\overset{\text{Br}}{C}\!-\!\overset{+}{C}\,\diagup\!\diagdown \;+\; \overset{-}{\text{Br}} \;\rightarrow\; \diagdown\,CBr\!-\!CBr\,\diagup$$

An Stelle der *Möglichkeit* einer trans-Anlagerung läßt die Bromoniumhypothese deren *Forderung* treten, von der es nur in

---

[1] ROBINSON, R.: Outline of electrochemical (electronic) theory of course of organic reactions. London 1932. — INGOLD, CH. K.: Chem. Rev. 15, 221 (1934).

[1a] Mechanismus der Br_2-Anlagerung an Äthylen als Oberflächenreaktion in Gasphase weist nicht auf eine typische Stufenreaktion, sondern auf eine Kettenreaktion: SEMENOW, N. N.: Izv. Akad. Nauk S.S.S.R. 1954, 130. — BÉRCES, T., u. Z. G. SZABÓ: Acta chim. Acad. Sci. Hung. 53, 55 (1967) mit Angaben uber zahlreiche ältere Arbeiten.

[2] Zusammenstellung bei HÜCKEL, W.: Theoretische Grundlagen der organischen Chemie, 9. Aufl., Bd. I, S. 735. Leipzig: Akademische Verlagsgesellschaft.

Vgl. ferner (Addition in unpolaren Lösungsmitteln): POUTSMA, M. L.: Science 157, 997 (1967).

seltenen Fällen Ausnahmen geben soll. Den Anlaß hierfür gab der Nachweis, daß die Bromierung von trans-Stilben in Methanol tatsächlich eine Stufenreaktion ist; sie führt nebeneinander zum Methoxybromid und Dibromid, und zwar stereospezifisch unter trans-Addition. Als Primärstufen haben BARTLETT und TARBELL[3] ein Monobrom-Kation $C_6H_5CHBr-\overset{+}{C}HC_6H_5$ postuliert. Zur Stereochemie dieses und des folgenden Schrittes, der in der Anlagerung von negativem Methoxylion und Bromion besteht, haben sie sich nicht geäußert. ROBERTS und KIMBALL[4] wollen mit ihrer Bromoniumhypothese diese Lücke ausfüllen. Die Stereospezifität soll dabei dadurch zustande kommen, daß die freie Drehbarkeit um die Achse $-BrC-\overset{+}{C}-$, welche eine solche nicht garantiert, aufgehoben ist, und zwar durch Schließung eines Bromonium-Dreiringes. Dessen Öffnung durch Herantritt des anionischen Substituenten, Br^- oder CH_3O^-, von der dem Br^+ abgewandten Seite her muß dann im Endeffekt eine trans-Anlagerung ergeben.

Im ganzen haben also drei verschiedene Fragen zur Bromoniumhypothese geführt: 1. Die Auffassung der Addition an die Doppelbindung als Stufenreaktion. 2. Starrheit des Dreirings im Unterschied zur „frei drehbaren" Einfachbindung. 3. Räumlicher Verlauf der Substitution, die zur Öffnung des Dreirings führt. Zu jeder einzelnen von ihnen ist daher gesondert Stellung zu nehmen.

1. *Stufenreaktion.* Sie ist für den speziellen Fall für die Bromierung von Stilben in Methanol bewiesen, bei der sich nachweislich intermediär gebildetes $CH_3\overset{(-)}{O}-\overset{(+)}{Br}$ mitbeteiligt; infolgedessen laufen Bromierung und Methoxylierung nebeneinander her. Diese Konkurrenz besteht aber nicht bei einer isolierten Doppelbindung, sondern nur bei einer zum aromatischen Kern konjugiert stehenden. Im allgemeinen lagert sich Brom auch in Methanol an eine Doppelbindung wie in anderen Lösungsmitteln molekular an. Mit anderen Worten: Brom wird normalerweise an eine Doppelbindung sehr viel rascher angelagert als der Methylester der unterbromigen Säure. Eine Anlagerung des Broms in zwei deutlich abgesetzten Stufen, bei der erst ein Halogen-Kation, dann ein Halogen-Anion angelagert wird, ist in keinem Falle bewiesen. Ein streng ionischer Stufenmechanismus kann daher sehr wohl eine allgemein nicht zulässige

---

[3] BARTLETT, P. D., and D. S. TARBELL: J. Amer. chem. Soc. 58, 466 (1936).
[4] ROBERTS, I., and G. E. KIMBALL: J. Amer. chem. Soc. 59, 947 (1937).

schematische Vereinfachung des Additionsvorganges bedeuten. Es
ist daher damit zu rechnen, daß kationische und anionische Anlagerung mehr oder weniger synchron, aber nicht als selbständige
Reaktionen nacheinander verlaufen. Zumal gilt dies für Anlage-
rungen in polarisierenden Lösungsmitteln, die selbst nicht mit-
reagieren können; dabei dürfte das positive Ende des polarisierten
Halogenmoleküls das Reaktionsgeschehen als Elektronenacceptor
einleiten. Durch eine solche Annahme erscheint ein für eine iso-
lierte Doppelbindung überspitzter Ionenmechanismus, wie er bei
der Bromierung des Stilbens in Methanol als Stufenreaktion reali-
siert ist, bei der Anlagerung molekularen Halogens gemildert.

2. *Freie Drehbarkeit* und *starrer Dreiring*. Für das acyclische
Kation $C_6H_5-CHBr-\overset{+}{C}H-C_6H_5$ postulieren ROBERTS und KIM-
BALL eine cis- und trans-Addition zu gleichem Betrage wegen der
„freien Drehbarkeit" um die neu geschaffene C–C-Einfachbindung.
Der Gedanke, daß kurzlebige Rotationsisomere mit einer Sub-
stitutionsgeschwindigkeit, die ihrer Isomerisierungsgeschwindigkeit
vergleichbar ist, reagieren und eine sterische Lenkung des zweiten
Substituenten bewirken könnten, wird zwar erwähnt, wird aber als
von anderer Seite stammend ohne nähere Begründung nicht ge-
teilt. Die sterisch unterschiedlich verlaufende Addition cis-trans-
Isomerer schließt keineswegs eine Zwischenstufe mit Einfachbindung aus[5].

3. Die *Stereospezifität bei Öffnung des Dreirings* bildet das Kern-
stück der Bromoniumhypothese. Der Angriff des Halogen-Anions
von der dem positiven Brom abgewandten Seite ist nicht mehr als
eine unbewiesene, freilich durchaus plausible Annahme. Als offen-
bare formale Analogie zur trans-Öffnung des Äthylenoxydringes
bei dessen saurer Hydrolyse ist sie zweifellos bestechend, voraus-
gesetzt, daß die Bindungsverhältnisse im Äthylenoxyd und dem
hypothetischen Bromonium-Dreiring ähnlich sind. Aber selbst
abgesehen davon ist die trans-Öffnung eines Äthylenoxydrings nur
eine *Regel* und keineswegs Gesetz, zumal für Äthylenoxyd-dicarbon-
säuren[6]. Auch ROBERTS und KIMBALL haben sich mit Ausnahmen

---

[5] Vergleiche dazu HÜCKEL, W.: Theoretische Grundlagen der organischen
Chemie, 9. Aufl., Bd. I, S. 736—737. Leipzig: Akadem. Verlagsgesellschaft
1961.

[6] Äthylenoxyd-trans-1,2-dicarbonsäuren 40% cis-Öffnung: KUHN, R., u.
F. EBEL: Ber. dtsch. chem. Ges. **58**, 919 (1928). Cyclohexenoxyd-1,2-cis-
dicarbonsäure 100% cis-Öffnung: HÜCKEL, W., u. U. LAMPERT: Ber. dtsch.
chem. Ges. **67**, 1815 (1934).

von der ausschließlichen trans-Stereospezifität bei der Anlagerung von Halogen an ungesättigte Dicarbonsäuren und deren Salzen auseinanderzusetzen. Sie sind daher zu Hilfshypothesen genötigt, die der Bromoniumhypothese als solcher fremd sind. Diese brauchen daher hier nicht erörtert zu werden, lassen aber immerhin so viel erkennen, daß ROBERTS und KIMBALL ihre Bromoniumhypothese keineswegs als eine Universaltheorie angesehen haben, wie es später mancherorts geschehen[7], aber von anderer Seite auch kritisch beleuchtet worden ist[8].

Abgesehen davon ist die Analogie bei der Ringöffnung von Äthylenoxyden und beim hypothetischen Bromoniumion wegen der weiter zu besprechenden unklaren Bindungsverhältnisse im hypothetischen Dreiring des letzteren nicht so weitgehend, wie es auf den ersten Blick scheinen mag; sie bleibt daher rein formal.

Der Dreiring, der geöffnet wird, gehört beim Äthylenoxyd einem Oxoniumion an, in welchem die gespannte C–O-Bindung noch weiter gelockert wird durch den Herantritt eines Protons an den Sauerstoff; daher kann ein Wassermolekül in einer S_N2-Substitution den Ring sprengen:

$$\underset{\underset{\text{OH}_2}{|}}{>}\text{C}\overset{\overset{\displaystyle \text{O}^+\!-\!\text{H}}{\diagup\;\diagdown}}{\quad}\text{C}< \quad\longrightarrow\quad >\text{C}\overset{\text{OH}}{\diagup}\!-\!\underset{\text{OH}}{\diagdown}\text{C}< \quad+\ \text{H}^+$$

Der hypothetische Ring eines Bromoniumions soll dagegen durch ein Anion mit voll aufgefüllter Achterschale, das negative Bromion, geöffnet werden.

Dieser Ring wird von ROBERTS und KIMBALL mit ausgezogenen Valenzstrichen geschrieben. Sollen diese σ-Bindungen bedeuten, so muß dafür das kationische Brom eines seiner sonst recht fest gebundenen Elektronenpaare zur Verfügung stellen. Jedoch legen sich ROBERTS und KIMBALL nicht auf die Auffassung fest, daß ihre Formulierung das Vorhandensein gewöhnlicher, etwas gespannter σ-Bindungen bedeute.

---

[7] Zum Beispiel WINSTEIN, S.: Bull. Soc. chim. France [5] 18C, 55 (1951).

[8] Zum Beispiel INGOLD, CH. K.: Structure and mechanism in organic chemistry, S. 395, besonders S. 662, Anm. 64. London: G. Bell & Sons 1953. — GOULD, E. S.: Mechanismus und Struktur in der organischen Chemie, Übersetzung von G. KOCH, S. 625. Weinheim: Verlag Chemie GmbH 1962. — FIESER, L., u. M. FIESER: Organische Chemie, übersetzt von H. R. HENSEL, betrachten die Bromoniumhypothese zunehmend vorsichtiger. In der Auflage 1965 fehlt das Stichwort im Register. Vgl. 2. Aufl. 1954, S. 374; 3. Aufl. S. 379, 385; Aufl. 1965 dagegen S. 173.

Solche hat man freilich in den in Substanz isolierten Bromoniumsalzen des Diphenyls anzunehmen, in denen das Bromatom den Ringschluß zwischen den 2,2'-Stellungen des Diphenyls analog der CH_2-Gruppe im Fluoren übernimmt. Solche Bromonium- und Chloroniumsalze sind allerdings erst fast 15 Jahre nach Aufstellung der Bromoniumhypothese bekannt geworden[9], während man früher nur analoge Jodoniumjodide kannte[10]. Für die Anwendungen der Bromoniumhypothese und die Übertragung der dabei entwickelten Vorstellung auf andere Gebiete ist ihre Existenz ohne Bedeutung.

ROBERTS und KIMBALL deuten vielmehr eine Auffassung des Bromoniumions als π-Komplex an, die von den Verfechtern der Hypothese später allgemein vertreten wird. Sie spiegelt sich in einer Umschreibung durch Grenzformeln wider, die in Anlehnung an die Mesomerie„vorstellung" gegeben wird. Diese sagt aber über die wahren Bindungsverhältnisse nichts aus. Sie ist im übrigen, wie an anderer Stelle dargelegt worden ist[11], nicht berechtigt, denn es handelt sich dabei um keine konkrete „Vorstellung", sondern um Formelbilder, die unter bestimmten Bedingungen, die hier nicht erfüllt sind, die Anwendung eines Näherungsverfahrens zur Energieberechnung einer Verbindung gestatten.

Ohne zunächst auf Erörterungen über die Bindungsmöglichkeiten in einem π-Komplex einzugehen, soll hier nur festgehalten werden, daß eine solche Auffassung, mag man sie zu präzisieren versuchen, wie man will, auf die Anerkennung eines grundsätzlichen Unterschiedes gegenüber den Bindungsverhältnissen, wie sie im Äthylenoxyd oder dessen Oxoniumion herrschen, hinausläuft. Damit wird die Zulässigkeit von Analogieschlüssen in Frage gestellt.

Bei diesem unsicheren Boden, auf dem die Hypothese eines Bromoniumions als Zwischenstufe beruht, muß es überraschen, wie sie fast widerspruchslos Anerkennung gefunden und darüber hinaus noch zu ähnlich gestalteten Hypothesen die Grundlage abgegeben hat, voran für die Hypothese nichtklassischer Ionen. Das erklärt sich dadurch, daß man mit ihrer Hilfe bei einfachsten Anwendungsvorschriften Tatsachen zu „erklären" vermocht hat. Eine solche

---

[9] SANDIN, J. B., and A. S. HAY: J. Amer. chem. Soc. **74**, 275 (1952). — NESMEJANOW, A. N., T. P. TOLSTAJA u. L. Ss. ISSAJEWA: J. allgem. Chem. (russ.) **27**, (89), 1547 (1957).

[10] Zuerst MASCARELLI, L., e G. BENATI: Gazz. chim. Ital. **38**, 624 (1908).

[11] HÜCKEL, W.: Theoretische Grundlagen der organischen Chemie, 9. Aufl., Bd. I, S. 740. Leipzig: Akadem. Verlagsgesellschaft 1961.

Brauchbarkeit beweist aber noch nicht ihre Richtigkeit, zumal sich der Hypothese keine quantitativ prüfbare Form geben läßt.

Ihre „Erfolge" sollen daher den ihr ähnlichen Hypothesen und grundlegenden Betrachtungen über die Bindungsverhältnisse in den dabei angenommenen π-Komplexen vorausgeschickt werden.

2. Anwendungen der Bromoniumhypothese I

Bald nach ihrer Aufstellung ist die ursprünglich nur zur Erklärung der trans-*Addition* geschaffene Hypothese zur Deutung der Stereospezifität von *Substitutions*vorgängen herangezogen worden. Die stereoisomeren 3-Brombutanole-2 verhalten sich sterisch gegenüber rauchender Bromwasserstoffsäure, welche das Hydroxyl durch Brom substituiert, verschieden. Das Threoisomere, in welchem die beiden Asymmetriezentren gleichen Drehsinn besitzen, gibt in seiner optisch aktiven Form, unter Erhaltung der threo-Konfiguration, vollständig racemisiertes (d +l)-2,3-Dibrombutan. Das Erythroisomere, mit Asymmetriezentren von entgegengesetztem Drehsinn, gibt, ebenfalls unter Erhaltung der Konfiguration, das wegen des strukturellen Gleichwerdens der Zentren optisch inaktive meso-2,3-Dibrombutan. Die Erhaltung der threo- und erythro-Konfiguration, d.h. des gegensätzlichen bzw. gleichen Drehsinns an beiden Asymmetriezentren, ist, wie gut begründet wird, das Ergebnis einer Waldenschen Umkehrung an jedem der beiden. Die Erklärung dafür wird durch Entstehung eines optisch inaktiven, symmetrischen Zwischenproduktes gegeben, dessen gleichwertige, aber entgegengesetzt drehende Asymmetriezentren im Sinne einer Konfigurationsumkehr an beiden substituiert werden. Dieses Zwischenprodukt soll ein Bromoniumion sein, dessen Bildung folgendermaßen formuliert wird[12]:

$$
\underset{\text{I}}{\begin{array}{c} H \quad CH_3 \\ \diagdown C \diagup \\ |\;\;\;\; OH \\ Br-C \\ \diagup \;\;\; \diagdown \\ H_3C \quad H \end{array}}
\xrightarrow{H^{\cdot}}
\underset{\text{II}}{\begin{array}{c} H \quad CH_3 \\ \diagdown C \diagup \overset{+}{O}H_2 \\ Br-C \\ \diagup \;\;\; \diagdown \\ H_3C \quad H \end{array}}
\longrightarrow
\begin{array}{c} H_3C \quad H \\ \diagdown C \diagup \\ \overset{+}{Br} \\ \diagup \;\;\; \diagdown \\ H_3C \quad H \end{array}
+\;H_2O
$$

Hiernach stößt das Brom der als H_2O sich abspaltenden OH-Gruppe des Bromhydrins von der Rückseite her nach; bei dieser

---

[12] WINSTEIN, S., and H. J. LUCAS: J. Amer. chem. Soc. 61, 1579, 2846 (1939).

Substitution findet also eine Waldensche Umkehrung am oberen
Asymmetriezentrum statt. Dies bringt die Projektionsformel dadurch zum Ausdruck, daß das Methyl von der rechten auf die
linke Seite der Formel hinüberwechselt. Im räumlichen Modell
kommt dementsprechend das obere Tetraeder mit seinen Substituenten spiegelbildlich zum unteren zu stehen. Nicht zum Ausdruck kommt in der Projektion, daß das brückenbildende Brom in
einer Ebene liegt, welche senkrecht zu der Ebene der Kohlenstoffatome steht. In der zweiten Stufe der Reaktion, für die WINSTEIN
und LUCAS kein Bild geben, wird der Dreiring durch den Angriff
eines nukleophilen Bromanions geöffnet; dies kann am oberen wie
am unteren Zentrum geschehen, und zwar in einer unter Konfigurationsumkehr verlaufenden S_N2-Substitution, die den gleichen
Drehsinn an beiden Zentren wieder herstellt.

Es ist nun, worauf an anderer Stelle[13] bereits kurz hingewiesen
worden ist, nicht erforderlich, in den hier beschriebenen Teil-
vorgängen selbständige Reaktionen, die durch eigene Geschwindig-
keitskonstanten charakterisiert sind, zu sehen. Sehr wohl können
sich die verschiedenen S_N2-Substitutionen, eingeleitet durch eine
Lockerung des sich schließlich abspaltenden Hydroxyls, gegen-
seitig bedingen. Das Brom des Bromhydrins drängt in innermolekularer Reaktion nach, während es selbst extramolekular durch
ein Bromanion herausgeworfen wird, wie folgende Ergänzung des
Formelbildes II zeigt:

$$\overset{\textstyle\diagdown\ \ /}{\underset{\textstyle Br}{\diagup}}\ \overset{+}{C}\ (-\overset{+}{O}H_2\ \rightarrow$$

Von einer Stufenreaktion unterscheidet sich dieser kontinuier-
liche Vorgang dadurch, daß er die Ringöffnung am unteren Asymmetriezentrum verlangt, während andernfalls der Ort der Ringöffnung unbestimmt bleibt. Die spiegelbildliche Lage von oberer
und unterer Hälfte stellt sich ein, ohne daß ein selbständiges Ion
sich auszubilden braucht, und zwar geschieht dies durch eine innermolekulare Wanderung des bereits vom Anion bedrängten Broms.
An den von WINSTEIN und LUCAS geforderten Gruppierungen der
Atome ändert sich also prinzipiell nichts. Der Unterschied der
Stufenreaktion besteht nur darin, daß die spiegelbildlich symmetri-

---

[13] HÜCKEL, W.: J. prakt. Chem. [4] **28**, 27 (1966), und zwar S. 40.

sche Gruppierung als besonders stabil hervorgehoben und als Bromoniumion bezeichnet wird.

Eine solche Stabilität glauben denn auch WINSTEIN und LUCAS besonders begründen zu müssen. Sie meinen, in Anlehnung an ROBERTS und KIMBALL, dafür die „Vorstellung" von der Mesomerie heranziehen zu dürfen. Die diesbezüglichen Ausführungen[14] gehen auf die spezielle Struktur des hypothetischen Bromoniumions ein. Sie sollen daher erst weiter unten im Zusammenhang mit dieser behandelt werden, wo sie zu π-Komplexen in Parallele gestellt wird. Zuvor sei noch ein weiteres Anwendungsgebiet der Bromoniumhypothese besprochen.

3. Anwendungen der Bromoniumhypothese II

Die Bromoniumhypothese ist ferner zur Erklärung der Umlagerung sekundär-tertiärer 1,2-Dibromide herangezogen worden; dabei hat sie aber ihre ursprüngliche Form nicht ganz beibehalten können. Eine entsprechende, von BARTON[15] beim 5,6-Dibromcholesterin gegebene Darstellung hat sich bei dem Versuch einer Verallgemeinerung durch GROB und WINSTEIN[16] Korrekturen gefallen lassen müssen. Dazu zwang die Kinetik der Einstellung der Gleichgewichte zwischen diaxialer und diäquatorialer Lage der benachbarten trans-Bromatome, welche die diäquatoriale Lage bevorzugen. Die Isomerisierung bedeutet eine Waldensche Umkehrung an den die Bromatome tragenden Asymmetriezentren. Ihre Geschwindigkeit wird durch Bromion in einer Molarität von 0,04—0,05 m- bei den verschiedenen 1,2-sek.-tert. Dibromiden nicht meßbar beeinflußt. Es kann sich also nicht um eine vollständige Ionisierung beim Umlagerungsvorgang handeln, wie sie BARTON postuliert hatte; darauf weisen auch noch einige unwesentlichere Umstände hin. Eine vollständige Ionisierung ist aber ein wesentliches Charakteristikum der ursprünglichen Form der Hypothese; diese muß somit, will man sie überhaupt aufrechterhalten, „verbessert" werden.

---

[14] Besonders ausführlich im Anschluß an die analogen „Chloronium"-Ionen: LUCAS, H. J., and C. W. GOULD: J. Amer. chem. Soc. **63**, 2543 (1941), und zwar S. 2545.

[15] BARTON, D. H. R., and E. MÜLLER: J. Amer. chem. Soc. **72**, 1066 (1950). — BARTON, D. H. R., E. MÜLLER, and H. T. YOUNG: J. chem. Soc. (Lond.) **1951**, 2598. (Öffnungsgeschwindigkeiten des vermeintlichen Bromonium(+)-Ion-Ringes.)

[16] GROB, C. A., u. S. WINSTEIN: Helv. chim. Acta **35**, 782 (1952).

Das normalerweise reaktionsträge sekundäre Brom soll durch Beteiligung (participation) des reaktionsfähigen tertiären Nachbarn anionisch gelockert werden. Diese „Lockerung" soll aber nicht bis zur Bildung selbständiger Ionen, sondern nur zu einem eng zusammenhaltenden Ionenpaar führen. In diesem Zusammenhang wird auf die Vorstellung MEERWEINs von den Kryptoionenreaktionen hingewiesen, bei denen es nicht zur Ausbildung freier Ionen in Lösung zu kommen braucht. Formuliert wird das ausdrücklich als mögliches Zwischenprodukt (intermediate), also nicht als Übergangszustand (transition state) angesprochene Gebilde wie ein „intimate ion pair" nach WINSTEIN[17]:

$$\text{(XVII)}$$

Dieses soll sich im Gleichgewicht mit den realen Dibromiden befinden, in denen die Bromatome die a,a(extreme trans-)- und die e,e(meso-trans-)-Lage einnehmen. (Die e,a- = meso-cis-Lage wird nicht diskutiert.)

Der „ionische Charakter" der vermeintlichen Zwischenstufe XVII soll je nach Konstitution des Dibromids und des Lösungsmittels mehr oder weniger stark ausgeprägt mit mehr oder weniger „kovalentem Charakter" der Bindungen sein. Als Spezialfall wird eine unpolare Zwischenstufe

formuliert (XVIII). In jedem Falle wird sie als existenzfähig durch *sechs Grenzformeln umschrieben*:

$$\text{I} \quad\leftrightarrow\quad \text{II} \quad\leftrightarrow\quad \text{III} \quad\leftrightarrow\quad \text{IV} \quad\leftrightarrow$$

$$\leftrightarrow\quad \text{V} \quad\leftrightarrow\quad \text{VI} \; ,$$

---

[17] WINSTEIN, S., E. CLIPPINGER, A. H. FAINBERG, and G. C. ROBINSON: J. Amer. chem. Soc. 76, 2597 (1954), und zwar S. 2598 oben.

die im Spezialfall alle gleiches „Gewicht" haben sollen. In I und II nehmen die Bromatome nicht die klassischen Tetraederlagen der beiden a,a- und e,e-Dibromide ein, sondern die durch die Dreiringstruktur vorgezeichneten „nichtklassischen" Lagen.

Für die „Existenz" von Gebilden, die den Formeln XVII bzw. XVIII entsprechen, geben die Experimente nicht den geringsten Anhaltspunkt. Ebensowenig läßt sich theoretisch etwas über ihren Energieinhalt wie über den der hypothetischen nichtklassischen Grenzformeln aussagen, welche den Zustand von XVII umschreiben sollen.

Eine eigene kritische Beleuchtung erfordert das Abgehen von der ursprünglichen Form der Bromoniumhypothese insofern, als dabei die Zerlegung des Vorganges in eine Stufen-Ionenreaktion, mit der BARTON[15] noch rechnete, aufgegeben werden muß. Die Polarität des Zwischengebildes ist nicht mehr in getrennten Ionen mit entgegengesetzter Ladung fixiert, sondern wird in das Ionenpaar mit einem teilweise kovalenten ‚Charakter der Bindung verwiesen. Hiermit kann man keine konkrete, quantitativ faßbare Vorstellung verbinden.

Die C–Br-Bindungen sind nämlich in organischen Molekülen und deren Lösungen, soweit sie in diesen keine elektrolytische Leitfähigkeit bewirken wie $(C_6H_5)_3CBr$ in flüssigem SO_2, stets „kovalent" mit einem, wie man sagen könnte, „Schuß" von Polarität, von deren relativ geringem Ausmaß das Dipolmoment Kenntnis gibt; seine Größe wird zwar nicht ausschließlich, aber doch in erster Linie, durch das *Partial*moment der $C^{\pm}{=}Br$-Bindung bestimmt. Das *Gesamt*moment für sekundäre und tertiäre Bromide, deren Isomerisation BARTON wie auch GROB und WINSTEIN im Auge haben, ist kaum verschieden und liegt zwischen 2,15 und 2,2 D, z.B. beträgt es für das sekundäre Bromid $(CH_3)_2CHBr$ 2,19, für das tertiäre $(CH_3)_3CBr$ 2,21 D.

Das Partialmoment der $C^{\pm}{=}Br$-Bindung kann also für sekundäre und tertiäre Bromide nicht nennenswert verschieden sein, denn das Partialmoment des Kohlenwasserstoffrestes muß wegen des fehlenden Dipolmoments aliphatischer Kohlenwasserstoffe minimal sein. In einer hypothetischen Zwischenstufe wie XVII, deren vermeintliche Polarität mit unterschiedlichem „kovalentem Charakter" der $C^{\pm}{=}Br$-Bindung in den hypothetischen Grenzformeln in Beziehung zu setzen wäre, kann also keine nennenswerte Polarität vorhanden sein. Die unterschiedliche Reaktionsfähigkeit von sekundärem und tertiärem Halogen kann man in einer statischen Strukturformel nicht durch unterschiedliche Symmetrie in der Ladungsverteilung zum Ausdruck bringen. Will man schon letztere formulieren, so muß wegen der ungefähren Gleichheit der Dipolmomente von sekundärem und tertiärem Brom ein der Formel XVIII nahestehendes Symbol verwendet werden. Hierbei verliert die Bezeichnung des vermeintlichen Zwischenzustandes als Ionenpaar, und sei es auch noch so eng liiert, wegen weitgehenden Ausgleichs innermolekularer polarer Gegensätze seine Berechtigung.

Bei der innermolekularen Isomerisation von Estern durch „innere Rückkehr" (internal return) ist bereits darauf hingewiesen worden, daß die Benennung eines analogen „Zustandes" als „intimate ion pair" irreführend ist[18].

Vielmehr ist wie dort die Isomerisierung durch *gleichzeitige anionische Wanderung* der platzwechselnden Teile des Moleküls wiederzugeben. Hierbei tritt infolge innermolekularer S_N2-Substitution Waldensche Umkehrung an beiden benachbarten Asymmetriezentren ein.

Die Formel XVIII ist dementsprechend sinngemäß zu ändern:

$$\text{(a) Br} \qquad\qquad \text{Br (e)}\ [19]$$

Sie ist damit keine statische Strukturformel mehr, sondern ein „dynamischer" Formelausdruck, der einen *Vorgang* wiedergibt. Die Dreieckslage der beiden Bromatome zu den beiden Kohlenstoffatomen, wie sie XVIII darstellt, ist ein bei diesem Vorgang durchlaufener *Übergangszustand*, keine relativ stabile Zwischenstufe mit einem relativen Energieminimum.

II. π-Komplexe von Olefinen

4. Der Bindungszustand in Metall-Olefinkomplexen

Die Bindungsverhältnisse im vermeintlichen Bromoniumion sind in der Weise zu erfassen versucht worden, daß das Ion als ein Resonanzhybrid angesehen wird, dessen Bindungszustand man

---

[18] HÜCKEL, W.: Änderungen des Molekülbaus bei chemischen Reaktionen. XVII. Participation, assistance, transition state, intermediate. J. prakt. Chem. [4] **32**, 326 (1966).

[19] HÜCKEL, W., H. WAIBLINGER u. H. FELTKAMP: Justus Liebigs Ann. Chem. **678**, 24 (1964).

durch Eingrenzung in Grenzstrukturen umschreiben kann. Bei deren Formulierung lassen sich WINSTEIN und LUCAS von einer Parallele leiten, die zu den in wäßriger Lösung stabilen Komplexen von Olefinen mit Silber-(und Quecksilber-)Ion bestehen soll. Erst diese Parallele läßt ihnen die Bromoniumhypothese eigentlich „vernünftig" erscheinen:

"seams more reasonable than formerly, now that a similar constituted positiv ion, the olefine-silver ion, has been shown to exist in aqueous solution[20]."

Die Olefinkomplexe mit Metallen waren für LUCAS[21] das Primärproblem gewesen, das ihn auf die Beschäftigung speziell mit den Butenen und ihren Umwandlungen hingeführt hat. Sie ermöglichten die Gewinnung der ganz reinen Butene, die sich aus den Komplexen regenerieren lassen.

Solche kationischen Komplexe des Silbers und einiger anderer Schwermetalle[22] bezeichnet man heute als π-Komplexe, weil sich bei ihrem Zustande π-Elektronen eines ungesättigten Systems beteiligen. Über ihre wahre Konstitution wird mit diesem Sammelbegriff noch gar nichts ausgesagt. Sie wird durch eine Formulierung als Resonanzhybrid zu umschreiben versucht, die offensichtlich unter dem Einfluß von PAULING[23] gewählt worden ist, mit den Grenzformeln:

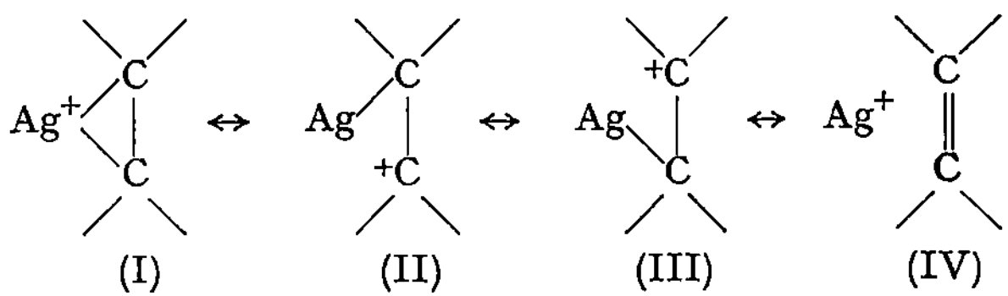

Den einzelnen Grenzformeln soll verschiedenes „Gewicht" zukommen, und zwar soll (I), erst etwas später hinzugefügt[24], das geringste, (IV) das größte „Gewicht" besitzen. Was ist damit nun eigentlich gemeint? Die Formel IV mit dem größten „Gewicht"

[20] WINSTEIN, S., and H. J. LUCAS: J. Amer. chem. Soc. **61**, 1576 (1939), und zwar S. 1579.

[21] EBERZ, W. F., H. J. WELGER, D. M. YOST, and H. J. LUCAS: J. Amer. chem. Soc. **59**, 45 (1937).

[22] Hg++-Komplexe: LUCAS, H. J., F. R. HEPNER, and S. WINSTEIN: J. Amer. chem. Soc. **61**, 3102 (1939).

[23] WINSTEIN, S., and H. J. LUCAS: J. Amer. chem. Soc. **60**, 836 (1938), und zwar S. 842 Anm. 7.

[24] Am Beispiel des Quecksilber(II)-Komplexes vom Cyclohexen: Zit. [22] S. 3106.

müßte dem wahren Bindungszustand am nächsten kommen. Sie drückt eine elektrostatische Anziehung des polarisierbaren Olefins durch das positive Ion aus, wozu noch van der Waalssche Kräfte kommen. Sie ist aber insofern ungenau, als die π-Elektronen der Doppelbindung noch eine nähere Beziehung zum Metall haben als es IV ausdrückt; dieser „σ-Charakter" der Bindung wird durch II und III dargestellt, welche durch vollständiges Abziehen des π-Elektronenpaares von *einem* der beiden Kohlenstoffatome zustande kommen. II und III haben gleiches „Gewicht", wenn das Olefin symmetrisch gebaut ist; ist es unsymmetrisch, so werden die Elektronen stärker von dem einen als von dem anderen Kohlenstoffatom abgezogen, was verschiedenes „Gewicht" von II und III zur Folge hat. I enthält zwei σ-Bindungen, wofür die beiden π-Elektronen nicht ausreichen; sie können also nicht normal sein, was auch durch eine Schreibweise mit punktierten Linien ausgedrückt werden kann. Für zwei normale σ-Bindungen müßten noch zwei Elektronen aus der 18er N-Schale ($s + p + d$-Niveau) des Silberions herausgeholt gedacht werden.

Wie entsprechend die Grenzformeln eines Bromoniumions mit anderer Gewichtsverteilung im Resonanzhybrid zu lesen wären, wird weiter unten ausgeführt. Hier sei zunächst die Auffassung der π-Metallkomplexe als Resonanzhybrid zu Ende gedacht.

Sie gibt nicht die geringste Auskunft über die Elektronenverteilung, führt also nicht über die summarische Bezeichnung „π-Komplex" hinaus. Bei Unsymmetrie des Olefins bleibt die Frage offen, welchem der beiden doppelt gebundenen Kohlenstoffatome das Silber näher steht. Schwerer wiegt die Nichtbeantwortung der allgemeinen Frage, welche Metalle Olefinkomplexe bilden können; die ausschlaggebende Bedeutung des Schalenbaus beim Komplexbildner wird nicht berührt.

Dafür sind die unbesetzten Niveaus seiner äußeren Schalen maßgebend. Beim Silberion steht das unbesetzte f-Niveau der N-Schale für den Einbau der π-Elektronen zur Verfügung. Beim Quecksilber(II)-Ion ist die Lage komplizierter. Hier sind die f-Niveaus der O-Schale unbesetzt; daneben kommen noch die beiden s-Niveaus der P-Schale in Betracht. Werden nur die ersteren beansprucht, liegt der Fall ähnlich wie bei den Silberkomplexen. Beim Einrücken in die s-Niveaus der P-Schale könnte eine σ-Bindung zwischen Quecksilber und Kohlenstoff zustande kommen, wie sie in den Mercuriacetat-Additionsverbindungen vorliegt.

Mit den Grenzformeln eines Resonanzhybrids kann man zwar durch Verteilung der „Gewichte" andeuten, ob in einem bestimmten Falle die Bindung eines Olefins an das Zentralatom näher einem π- (IV) oder σ-Komplex (I) steht, muß aber die Entscheidung aus den Eigenschaften der Additionsverbindung heraus treffen. Von den Formeln aus kommt man aber der Antwort auf die Frage nach der Konstitution eines bestimmten Komplexes auch nicht einen Schritt näher.

Die typischen „π-Komplexe" von Metallen wie Silber mit Olefinen hat man vielmehr in folgender Weise aufzufassen und kann sie dementsprechend auch durch Formeln veranschaulichen.

Das Metallion, beispielsweise Silberion, wirkt als Elektronen-*acceptor*. Es besitzt die dazu nötige „Elektronenaffinität" wegen seiner Fähigkeit, Elektronen in unbesetzte Niveaus seiner Schale einzubauen, ohne dadurch seine positive Ladung zu verlieren, die nach wie vor durch ein Anion kompensiert wird. Seinem Partner, dem als Donator wirkenden Olefin, werden nämlich die π-Elektronen nicht vollständig entrissen, sondern bleiben mit ihm als positivierten Liganden verbunden. Das auf diese Weise entstehende, komplexe Ion stellt einen Dipol dar, den man durch folgende Formel veranschaulichen kann:

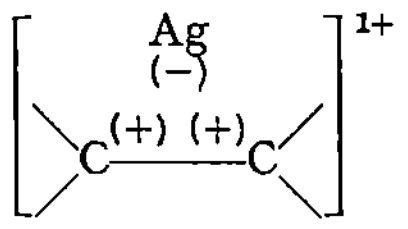

$$\left[\begin{array}{c} \overset{\text{Ag}}{(-)} \\[2pt] \diagup\!\!\diagdown \mathrm{C} \overset{(+)\ (+)}{-\!\!-\!\!-} \mathrm{C} \diagup\!\!\diagdown \end{array} \right]^{1+}$$

Sie steht der fiktiven Grenzformel IV $\diagup\!\!\diagdown \mathrm{C}\!\!=\!\!\underset{\mathrm{Ag^+}}{\mathrm{C}} \diagup\!\!\diagdown$ nahe. Aus IV könnte man allenfalls eine durch von der positiven Ladung ausgehende elektrostatische Kräfte eintretende polarisierende Deformation des Olefins herauslesen. Die Dipolformel des Ions soll aber einen wirklich existierenden Zustand wiedergeben. Sie beschreibt den Dipolcharakter des Gebildes näher als IV in der Positivierung der beiden doppelt gebundenen Kohlenstoffatome und läßt erwarten, daß wegen der Gleichsinnigkeit ihrer Ladungen Abstoßung und Vergrößerung des Abstandes zwischen ihnen statthaben wird. Eine solche ist tatsächlich bei dem Äthylenkomplex des vierwertigen Platins,

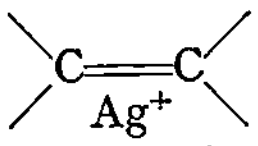

$$\left[\begin{array}{cc} \mathrm{Cl} & \mathrm{N\,H(CH_3)_2} \\ & \mathrm{Pt} \\ \mathrm{Cl} & \mathrm{C_2H_4} \end{array} \right]^{++},$$

der dem Komplex im altbekannten Zeiseschen Salz

$$K \begin{bmatrix} Cl & Cl \\ & Pt \\ Cl & C_2H_4 \end{bmatrix} \cdot H_2O$$

eng verwandt ist, röntgenographisch nachgewiesen worden.

Der Abstand der Äthylenkohlenstoffatome beträgt hier 1,47 Å gegenüber dem C=C-Abstand im freien Äthylen 1,34 Å[25].

Man kann den Bindungszustand in einem Metall-π-Komplex auch in moderner Weise mit Hilfe der molecular-Orbitaltheorie ausdrücken und bildlich darstellen[26]. Doch wird hier darauf verzichtet, weil wie bei der als unzureichend erkannten Formulierung als Resonanzhybrid nur die klassische Formelsymbolik verwendet werden soll. Hierbei kommt nämlich der Unterschied der Auffassungen sinnfälliger und direkter zum Ausdruck. Es wird dabei ersichtlich, worin das Versagen der Resonanz„theorie" oder der „Vorstellung" einer Mesomerie des komplexen Ions besteht.

Ungeachtet dessen, soll hier noch versucht werden, das Grenzformelschema für ein Bromoniumion zu lesen und anschließend auf dieser unzulänglichen Grundlage die Hintergründe der unterschiedlichen Gewichtsverteilung für die Formeltypen I, II, III und IV beim Bromoniumion und Silberkomplex zu erkennen.

Bei ersterem liegt das Hauptgewicht auf Formel I, bei letzterem auf Formel IV.

5. „Lesen" der Resonanzhybridformulierung für das Bromoniumion

Im Resonanzhybrid des Bromoniumions treten die Grenzstrukturen mit normaler C–Br–σ-Bindung in den Vordergrund. Die Grenzformel IV, die eine solche nicht enthält, haben Roberts und Kimball überhaupt nicht in Betracht gezogen; allgemein wird ihr Gewicht als sehr gering veranschlagt. II und III, als klassische Carbeniumionen formuliert, sollen deswegen nicht als wahre Zwischenstufen angenommen werden können, weil solche keine Stereospezifität bei der Bildung von Reaktionsprodukten garantieren. Es wird ihnen deswegen nur der Rang fiktiver Grenzstrukturen zugebilligt, zwischen denen die wahre Struktur der hypothetischen Zwischenstufe liegen soll. Dafür müssen aber

[25] Alderman, P. R. H., P. G. Owston u. J. M. Rowe: Acta cryst. 13, 149 (1960).

[26] Fischer, E. O., u. H. Werner: Angew. Chemie 75, 57 (1963), und zwar S. 59.

nicht nur Elektronenverteilung, sondern auch Atomlagen verändert werden, sollen anders Resonanz„theorie" oder Mesomerie-„betrachtungsweise" Anwendung finden können. Deswegen werden späterhin II und III nicht mehr „klassisch" geschrieben und aus unverzerrten Tetraedern aufgebaut gedacht, sondern mit „abgewinkelter" C–Br-Bindung formuliert[27]. Diese Lage muß sie notwendigerweise im hypothetischen cyclischen Zwischenprodukt, das als Resonanzhybrid angesehen wird, einnehmen. Damit rückt eine entspechende cyclische Dreieckstruktur mit σ-Bindungen als Grenzstruktur ins Blickfeld, die häufig auch für die Wiedergabe der realen Struktur des Bromoniumions dient. Letztere wäre allerdings zutreffend in Zusammenfassung aller Grenzformeln im Resonanzhybrid besser etwa zu formulieren als[28]:

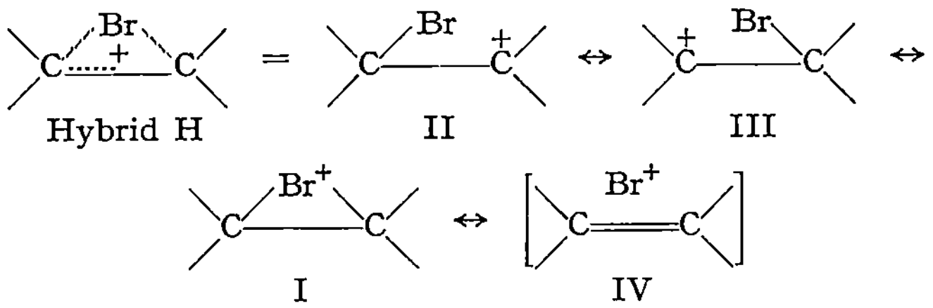

$$\text{Hybrid H} \quad = \quad \text{II} \quad \leftrightarrow \quad \text{III} \quad \leftrightarrow$$

$$\text{I} \quad \leftrightarrow \quad \text{IV}$$

Wenn hierbei für I der größte Beitrag zum Resonanzhybrid gefordert wird, so besagt dies, daß eine cyclische Struktur mit σ-Bindung des Broms an zwei benachbarte Kohlenstoffatome der „Wahrheit" am nächsten kommen soll. Tatsächlich sieht WHELAND keinen nennenswerten Unterschied in der Auffassung von I als Real- und als Grenzstruktur[29].

Eine besondere Stabilität einer solchen cyclischen Struktur läßt sich nicht beweisen. Für das Zustandekommen der beiden σ-Bindungen müßte das ringschließende Brom, wenn es als Kation an die Doppelbindung herantritt (entsprechend Grenzformel IV), zwei Elektronen aus seiner bereits zum Sextett degradierten Außenschale beisteuern.

Für die Resonanzstabilisierung einer analogen Struktur mit nur wenig veränderten Bindungsverhältnissen, wie sie in der Hybrid-

---

[27] Sehr bald findet sich diese Schreibweise bereits bei WINSTEIN, S., u. H. J. LUCAS: J. Amer. chem. Soc. **60**, 836 (1938), und zwar S. 843.

[28] Zum Beispiel WINSTEIN, S., B. K. MORSE, E. GRUNWALD, K. C. SCHREIBER, and J. CORSE: J. Amer. chem. Soc. **74**, 1113 (1952).

[29] WHELAND, G. W., in: Resonance in organic chemistry, S. 454 (1955). New York: J. Wiley & Sons, Inc.; London: Chapman & Hall, Ltd., "A slightly different suggestion".

formel H gegenüber I zum Ausdruck kommen, ergibt sich keinerlei Anhaltspunkt. Die Energie der fiktiven Grenzstrukturen II und III, denen gegenüber die Ausbildung von H einen Energiegewinn bedeuten sollte, ist ebenso wie die von I unbekannt, also läßt sich keine Resonanzstabilisierung für den Dreiring beweisen, da die Ausgangspunkte für eine Energieberechnung nach einem Näherungsverfahren nicht festliegen.

Ohne irgendwelche Beziehung zum formalen Schema der Resonanztheorie bzw. einer Mesomeriebetrachtung lassen sich dagegen von den nicht deformierten klassischen Carbeniumionen aus über deren Stabilität (also nicht über die der deformierten Strukturen II und III) folgende Aussagen machen.

Infolge seiner Elektronenlücke am bromfreien Kohlenstoffatom sucht sich ein klassisches Carbeniumion durch Bildung eines elektroneutralen Moleküls zu stabilisieren. Diese Stabilisierung kann durch Aufnahme eines Anions aus der Lösung oder eines anionischen Bestandteiles aus der Solvathülle erfolgen, wobei in letzterem Falle ein Proton frei wird. Ist dazu nur selten oder gar nicht Gelegenheit gegeben, sucht sich die Lücke innermolekular aufzufüllen, wodurch im einfachsten Falle eine anionische Wanderung des Broms eintritt: Unter Abwinkelung, vielleicht auch Dehnung[30] der es bindenden Valenz wird das Brom zur Lücke hinübergezogen, die C–Br-Bindung kann abreißen und zum Nachbarkohlenstoff hinüber neu geknüpft werden. Dabei bekommt nunmehr das zuerst substituierte Atom ein Sextett, das sich durch Wechselwirkung mit der Umgebung zu komplettieren sucht. Welche Winkel das Brom mit den Kohlenstoffatomen bei dieser Wanderung bildet, bleibt unbekannt: ob und inwieweit dadurch die C–C-Bindung beeinflußt wird, läßt sich nicht angeben, ebensowenig, ob eine bestimmte Zwischenlage, etwa die eines gleichschenkligen Dreiecks bei symmetrischer Substitution, bevorzugt ist. Eine solche Zwischenlage gibt das Formelbild des vermeintlichen Resonanzhybrids wieder; es kann aber nichts über deren Energie, also auch nichts über deren eventuelle Stabilität aussagen. Eine Aussage hierüber läßt sich aus dem Molekülbau heraus nicht ableiten.

Eine „Resonanzstabilisierung" der Dreiringstruktur mit einer erheblichen Festigung der Bindungen wird vielmehr nur indirekt

---

[30] Je nach den in der Dreieckslage sich einstellenden Winkeln. Keine Dehnung ist erforderlich, wenn während der Wanderung ein gleichschenkliges Dreieck mit C–C = 1,54 Å und C–Br = 1,8 Å durchlaufen wird.

aus der Stereospezifität der Substitution gefolgert. Denn eine solche ist nur verständlich, wenn der starre Dreiring eine erhebliche Festigkeit besäße, welche der eines Äthylenoxydringes nahe kommt, wie sie in einer mit σ-Bindungen geschriebenen Formel zum Ausdruck kommt.

Wie wenig zwingend eine solche Folgerung ist, die sich letzten Endes durch die Verteilung der Gewichte auf die Formeln I, II, III ergibt (IV kann man dabei füglich fortlassen), geht aus der gegenteiligen Ansicht von WHELAND hervor. Er legt seinen Betrachtungen ebenfalls das Resonanzschema zugrunde und nimmt ein Bromoniumion als Zwischenprodukt (intermediate) bei der Bromierung an. Die Gewichte der Strukturen verteilt er aber ganz anders als WINSTEIN und LUCAS. Als Beispiel wählt er die 1,2-Addition beim Butadien (neben der auch 1,4-Addition stattfindet, was aber für das Prinzip der Betrachtung unwesentlich ist). Er äußert sich dabei über die Festigkeit der Bindungen im Dreiring durch Zuteilung der Gewichte in den einzelnen Grenzstrukturen wie folgt (die Bezifferung der Formeln ist seiner Darstellung entnommen und in Klammern mit der in der vorliegenden Arbeit benutzten Bezifferung verglichen; seine Formel VIIa, von einer wahren mesomeren Struktur des Butadiens abgeleitet, entfällt hier, wo kein konjugiertes System betrachtet wird[31]): "Since the carbon-bromine bonds within the three membered ring are doubtless (!) extremely weak, the intermediate may be presumed to be receiving large (!) contributions not only from structure XII (=I), but *also* from structures Va, VIa, VIIa, IXa (=IV, II, —, III)".

Somit werden die C–Br-Bindungen im Dreiring als sehr schwach angesehen; der cyclischen Struktur wird kein überragendes Gewicht zuerteilt. Über die Stabilität des Ringes wagt WHELAND keine Aussage; er verzichtet auf eine Abschätzung einer „Resonanzenergie".

INGOLD[32] benutzt zur Veranschaulichung des Verlaufs der Addition von Halogen an Doppelbindungen ebenfalls die Formelbilder I, II und III. Er sieht in ihnen aber nicht Grenzformeln eines Resonanzhybrids, nimmt also keine „Mesomerie" zwischen ihnen an und sagt nichts über ihre Stabilitätsverhältnisse aus. Speziell zur cyclischen Bromoniumstruktur bemerkt er[32]:

---

[31] Lit. [29], S. 460.

[32] Structure and mechanism in organic chemistry, S. 662, Anm. 64. London: G. Bell & Sons, Ltd. 1953.

"The independent existence of Roberts' and Kimball's symmetrically covalent bridged ion is at yet unproved."

Bei dieser Sachlage ist es überraschend, mit welcher Bestimmtheit Aussagen über die Bindungsverhältnisse im Dreiring gemacht worden sind, die über die Behauptung einer erheblichen Stabilität hinausgehen, und dies zu einer Zeit, als die Bromoniumhypothese eben erst aufgestellt worden war[33]; weder Wheland noch Ingold gehen auf die betreffenden Ausführungen ein. Sie werden 1941 im Anschluß an die Ausweitung der Bromonium- zur analogen Chloroniumhypothese gemacht. Sie besagen folgendes:

1. Die Polarität der C–Cl-Bindung ist wesentlich größer als gewöhnlich; deswegen bricht diese Bindung nur auf, wenn sich ein nukleophiles Reagens von der Rückseite her nähert und eine S_N2-Substitution bewirkt. 2. Je stärker betont ihr „ionischer Charakter" ist, desto größer ist die Tendenz zu dieser Reaktionsweise, wahrscheinlich infolge größerer Dipolrichtkräfte.

Damit wird ein großes Gewicht der σ-Bindungen enthaltenden Grenzstrukturen, deren „Resonanz" speziell die cyclische Struktur „stabilisieren" soll, postuliert.

6. Vergleich der Struktur eines hypothetischen Bromonium- oder Chloroniumions mit der Struktur realer Metallion-Olefinkomplexe

Die Bedeutung der „Beteiligung" der σ-Bindungen enthaltenden Grenzformeln am vermeintlichen Resonanzhybrid hat tiefere Gründe. Freilich werden die Theoretiker, die mit Resonanz- oder Mesomerievorstellungen operieren, sich dieser Gründe nicht klar bewußt. Sie kommen zum Vorschein, wenn man die von Winstein und Lucas immer wieder als Analogiefall herangezogenen π-Komplexe von Olefinen mit Metallionen heranzieht, über deren Konstitution seinerzeit noch nichts Näheres bekannt war. Daß Olefine „complexes of a different type" bilden können, war ihnen wohl bewußt[27]. Aber gerade für das Bromoniumion und den Olefin-Silberion-Komplex reden sie sich einen prinzipiellen Unterschied immer wieder aus: „The positive bromide complex is probably strictly analogous to the silver ion complex"[34] oder, ein andermal[35] werden Bromoniumion und Silberion-Olefinkomplex als „similar constituted"

---

[33] Lucas, H. J., and C. W. Gould: J. Amer. chem. Soc. **63**, 2543 (1941), und zwar S. 2545.

[34] Lit. [27], S. 843 oben links.

[35] Vgl. Lit. [20].

bezeichnet. Freilich wird versucht, für die unterschiedliche Reaktivität mäßig stabiler Metallkomplexe ein Verständnis zu gewinnen. Die Ursachen sollen in der *Größe* des kationischen Partners, die aus dessen kovalentem Radius hergeleitet wird, wie in dessen *Elektronegativität* liegen. Beide Faktoren reichen aber nicht aus, einen *prinzipiellen* Unterschied in der Wechselwirkung eines Olefins mit Silberion einerseits und mit einem hypothetischen Bromkation andererseits zu erkennen. Nur sehr unvollkommen kommt er in der Verteilung der „Gewichte" auf die einzelnen Grenzstrukturen I, II, III und IV zum Ausdruck. Wenn man von Formel IV ausgeht, in welcher der kationische Partner dem Olefin gegenübergestellt ist, und die zu erwartenden Wechselwirkungen betrachtet, läßt sich allerdings der Grund des Unterschiedes herausschälen.

Ein Kation übt zunächst infolge seines elektrischen Feldes durch Induktion auf das Olefin eine deformierende Wirkung aus; die locker gebundenen π-Elektronen werden etwas zu ihm hinübergezogen. Die elektrostatischen Kräfte reichen normalerweise nicht zu einer festeren Bindung aus; so sind Olefine nicht imstande, aus der elektrostatisch festgehaltenen Solvathülle eines Natriumions den Dipol Wasser zu verdrängen. Beim Silberion und Ionen von Metallen aus Nebengruppen ist dies jedoch möglich, falls diese eine besondere Acceptorwirkung für Elektronen besitzen. Eine solche kann durch unvollständig aufgefüllte äußere Schalen bedingt sein; wird die darauf zurückzuführende Elektronenaffinität groß genug, wird eine Verdrängung von Wasser aus der Solvathülle des Ions durch ein Olefin möglich, und es stellt sich ein Gleichgewicht ein, z.B. $Ag(OH_2)_4^+ + C_2H_4 \rightleftarrows Ag(OH_2)_3 \cdot C_2H_4^+ + H_2O$. Die Lage solcher Gleichgewichte für verschiedene Olefine hat Lucas bestimmt.

Ein Bromkation mit einem Elektronensextett in der Außenschale besitzt diese Möglichkeit einer Wechselwirkung mit dem Olefin nicht; eine solche kann bei ihm nicht über eine klassische elektrostatische Einwirkung hinausgehen. Denn eine unvollkommen besetzte innere Schale ist bei ihm nicht vorhanden, das nächst niedere s-Niveau der N-Schale ist mit zwei Elektronen voll aufgefüllt. Es bleibt daher als Ursache für eine Elektronenaffinität nur das starke Bestreben, die Achterschale des N-Niveaus mit zwei p-Elektronen aufzufüllen. Diese Art einer Acceptorwirkung für Elektronen ist eine ganz andere als beim Silberion. Wenn ein als Donator wirkender Partner nicht zwei Elektronen ganz an das Brom abgibt und dieses zum Anion macht, führt eine Komplettierung seiner Achterschale nur zur Ausbildung einer σ-Bindung mit Dipolcharakter. Dies kommt in der Einleitung der Bromaddition an eine Doppelbindung durch Aufnahme positivierten Broms aus einem polarisierten Brommolekül zum Ausdruck; sie führt primär zu einem klassischen Carbeniumion. Dieses stabilisiert sich weiter durch Aufnehmen eines Anions zum elektroneutralen Molekül, was synchron oder nahezu synchron mit der Anlagerung des positivierten Halogens, aber auch stufenweise erfolgen kann. Zunächst ist jedenfalls die Neigung, eine σ-Bindung auszubilden, für ein Bromkation auf Grund der Art seiner Elektronenaffinität vorhanden. Das Silberion besitzt nicht die gleiche Art der Elektronenaffinität, denn es hat in wäßriger Lösung bei Abwesenheit von Reduktionsmitteln — und Olefine sind ihm gegenüber normalerweise solche nicht — kein Bestreben, seine P-Schale aufzufüllen, aus der das Metall bei der Salzbildung das s-Elektron abgegeben hat.

Die *verschiedene Art der Elektronenaffinität* ist also die Ursache, weshalb kationisches Brom σ-Bindungen auszubilden bestrebt ist, und Silberion sich mit der Bildung von π-Komplexen „begnügt". Dieser Unterschied kommt bei der formelmäßigen Veranschaulichung der Resonanz„theoretiker" in einer unterschiedlichen Verteilung der „Gewichte" der vier Grenzformeln zum Ausdruck, wobei I mit seinen σ-Bindungen beim Bromoniumion, IV ohne solche Bindungen bei den Metall-Olefinkomplexen das größte Gewicht haben soll.

Im übrigen bleiben bei dieser schematischen Anwendung der Resonanzschreibweise, mag man sie auszugestalten suchen wie man will, die Bindungsverhältnisse in einem hypothetischen Bromoniumion unklar. Dessen Existenz kann weder durch die Resonanz„theorie" bewiesen, noch durch eine vermeintliche Analogie zum Silberion-Olefinkomplex, die in Wirklichkeit nicht besteht, wahrscheinlich gemacht werden.

III. Kryptoionen-Reaktionen

7. Nichtklassische Carbeniumionen

Vorstellung und Formulierung nichtklassischer, „überbrückter" Ionen sind bewußt in enger Anlehnung an die Bromoniumhypothese entwickelt worden. Doch ist dabei nicht etwa eine schematische Übertragung des Formalismus der Ausgangspunkt. Vielmehr ist dies eine in der Kinetik sichtbar werdende Nachbargruppenwirkung, wie sie eingehender zunächst beim Einfluß von Halogen auf die Reaktionsfähigkeit von Substituenten am Nachbarkohlenstoffatom studiert wurde. Ein solcher macht sich z.B. bemerkbar bei den Halogenhydrinen und bei den trans-1,2-Acetoxytosylaten der Cyclohexanreihe[36] und wird auch bei der Isomerisation von 1,2-Dibromiden (S. 11f.) angenommen. Primär führten in diesen Fällen allerdings nicht kinetische Beobachtungen, sondern die sterischen Verhältnisse bei Substitutionsvorgängen zur Anwendung der Bromoniumhypothese.

Ungewöhnlich hoch erscheinende Reaktionsgeschwindigkeiten bei Vorgängen, für welche ein ionischer Mechanismus anzunehmen war, führten dagegen auf die Hypothese nichtklassischer Carbeniumionen; erst sekundär brachte man damit beobachtete Stereospezifitäten in Verbindung, welche durch die Annahme relativ stabiler, nicht durch eine klassische Struktur ausdrückbarer Ionen erklärt werden sollten. Analog soll ja, aber ohne Rücksicht auf ihre Geschwindigkeit, die Stereospezifität einer trans-Addition an eine Doppelbindung durch die Bromoniumhypothese erklärt werden.

Die innere Wechselwirkung, die auf eine Erhöhung der Reaktionsgeschwindigkeit hinwirkt, wird — zunächst hypothesenfrei — als Nachbargruppen-„Beteiligung" oder „participation"[37] bezeichnet. Auch der Ausdruck „assistance" oder „anchimeric assistance" ist dafür gebräuchlich; eine exakte, unterscheidende Begriffsdefinition für die verschiedenen Ausdrücke ist von ihrem Schöpfer WINSTEIN nicht gegeben worden[3].

WINSTEIN hat nun den Ausdruck „participation"[38] von vornherein erst so eng mit der Bromoniumhypothese und später[39] mit der Vorstellung nichtklassischer Ionen verknüpft, daß für den Fernerstehenden Begriffsbildung und Hypothese fast zwangsläufig als zusammengehörig erscheinen. Das sind sie aber nicht. Eine hohe Reaktionsgeschwindigkeit infolge eines Nachbargruppeneffekts braucht nämlich keineswegs durch die Existenz einer

---

[36] WINSTEIN, S., and R. BOSCHAN: J. Amer. chem. Soc. **72**, 4669 (1950).

[37] WINSTEIN, S., and R. E. BUCKLES: J. Amer. chem. Soc. **64**, 2780 (1942).

[38] Ein Versuch, der dadurch entstandenen Begriffsverwirrung durch schärfere Definitionen zu begegnen, findet sich bei W. HÜCKEL: Participation, assistance, transition state, intermediate. J. prakt. Chem. [4] **32**, 326 (1966).

[39] WINSTEIN, S., B. K. MORSE, E. GRUNWALD, K. C. SCHREIBER, and J. CORSE: J. Amer. chem. Soc. **74**, 1113 (1952).

relativ stabilen Zwischenstufe bedingt zu sein, wie sie in den hypothetischen Gebilden eines Bromonium- oder eines nichtklassischen Ions formuliert werden. Man hat daher den auf die Beobachtung sich gründenden *Begriff* und die zur Erklärung der Beobachtung aufgestellte *Hypothese* scharf auseinander zu halten, was Winstein nicht getan hat.

Mit der Bildung des Begriffes participation[38] und seiner Abgrenzung von anderen Begriffen durch zweckmäßige Definition brauchen wir uns hier nicht weiter zu befassen. Hier geht es um die Hypothese einer relativ stabilen Zwischenstufe bestimmter Struktur, die durch eine klassische Formel nicht wiederzugeben ist.

8. Formulierung nichtklassischer Kationen mit Hilfe der „Resonanztheorie"

Die Bildung nichtklassischer Kationen wird bei Ionisierungsvorgängen angenommen, die sich unter Beteiligung der Elektronenwolke eines Nachbarsubstituenten vollziehen. Dann soll sich, zum Unterschied von Ionisierungen ohne eine solche Beteiligung, eine Struktur ausbilden, die von der eines klassischen Carbeniumions verschieden ist. Sie wird wie beim Bromoniumion als Resonanzhybrid durch Grenzformeln umschrieben[40]:

$$\text{C}_\alpha \overset{R}{\underset{+}{\diagdown\diagup}} \text{C}_\beta \;=\; \text{C}\overset{R}{\diagup}\!\!-\!\!\overset{+}{\text{C}} \;\leftrightarrow\; \overset{+}{\text{C}}\overset{R}{\diagdown}\!-\!\text{C} \;\leftrightarrow\; \text{C}\overset{R^{+}}{=\!=}\text{C}$$

Die Grenzformeln werden meist, wie hier, mit symmetrischer oder nahezu symmetrischer Lage von *R* zu beiden Kohlenstoffatomen geschrieben, jedenfalls bei allen in der gleichen Stellung, wie es gefordert werden muß, wenn Mesomerie oder Resonanz vorläge. Manchmal schreibt man aber — inkonsequent! — klassische Carbeniumionen und nimmt solche ausdrücklich als Grenzformeln in Anspruch, so beim Isobornyl- und Camphenylion[41]. Wie an anderer Stelle ausführlich auseinandergesetzt[42], ist eine solche In-

---

[40] Literaturzusammenstellung für solche Formulierungsvorschläge in [39], S. 1114, Anm. 18.

[41] (a) Nevell, T. P., E. de Salas, and C. J. Wilson: J. chem. Soc. (Lond.) **1939**, 1188. Speziell wird in dieser Arbeit der Austausch von Deuterium und radioaktivem Chlor bei der Anlagerung von HCl und DCl an Camphen untersucht. Formulierung als Resonanzhybrid von 2 Strukturen: Watson, H. B.: Ann. Rep. **36**, 197 (1939); — (b) Neuerdings noch Beltramé, P., C. A. Bunton, A. Dunlop, and D. Whittaker: J. chem. Soc. (Lond.) **1964**, 658, und zwar S. 664.

[42] Hückel, W.: J. prakt. Chem. [4] **28**, 27 (1965).

konsequenz nicht zulässig; sie bedeutet einen *grundlegenden Irrtum* hinsichtlich der Anwendbarkeit des Mesomeriebegriffes bzw. des Rechenverfahrens der Resonanz„theorie".

INGOLD, der einen solchen Irrtum nicht begeht, vertritt gleichwohl die Hypothese einer relativ stabilen Zwischenstufe in seinen *synartetischen* Ionen, die sich bei ungewöhnlich rasch verlaufenden Reaktionen von ionischem Mechanismus ausbilden sollen. Er bezeichnet sie als „stabilised transition state"[43]; das bedeutet dasselbe wie „intermediate" bei WINSTEIN. Als Struktur formuliert INGOLD

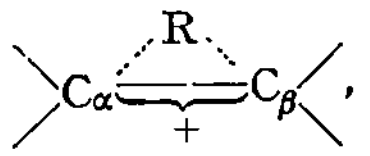

$$\begin{array}{c} R \\ \diagup \quad \diagdown \\ {>}C_\alpha {=\!=\!=} C_\beta{<} \\ + \end{array}\, ,$$

in welcher R nicht symmetrisch zu C_α und C_β zu liegen braucht; sie ist praktisch dieselbe wie diejenige des „Resonanzhybrids" von WINSTEIN. INGOLD interpretiert sie aber anders, denn er lehnt dabei ausdrücklich das Vorliegen einer Mesomerie ab.

Diese Ablehnung gründet sich darauf, daß bei dem Vorgang einer Ionisierung σ-Bindungen beteiligt sind und nicht nur π-Elektronensysteme[44], für die allein die Anwendung der Resonanzmethode, die zur Ermittlung einer Mesomerieenergie führt, möglich ist. Deswegen kann INGOLD nicht eine einfach erscheinende Begründung für die relativ geringe Energie seines „stabilised transition state" geben, wie sie WINSTEIN für sein „intermediate" in der Hand zu haben meint.

Daher deutet INGOLD für seine synartetischen Ionen eine Vorstellung an, welche äußerlich der Mesomerie ähnlich ist. Statt von fiktiven Grenzformeln geht er von den klassischen Strukturen der sich umwandelnden Kationen aus. Wenn diese sich langsam mit „normaler" Geschwindigkeit isomerisieren, sollen sie durch eine beträchtliche Energieschranke getrennt sein. Diese soll eine merkliche „Resonanz" — von einer solchen spricht also auch er — verhindern. Bei raschen Isomerisierungen soll die Schranke fehlen, die beiden Strukturen sollen in Resonanz[45] treten und ein gemein-

---

[43] INGOLD, CH. K.: Structure and mechanism in organic chemistry, S. 521. London: G. Bell & Sons 1953.

[44] INGOLD, CH. K.: J. chem. Soc. (Lond.) **1953**, 2852: Synartesis is concerned with the distribution over more than two atoms of σ-electrons only and does not involve π-electrons. Mesomerism, in contrary, is basically concerned with more than two centre π-electrons. Evidently, the two phenomena are different enough to be treated distinct.

[45] INGOLD, CH. K., Lit. [44], S. 2581 untere Hälfte.

sames „synartetisches" Ion ausbilden. Dieser Fall soll beim Camphenylion und Isobornylion, aber nicht beim Bornylion eintreten. Den Unterschied im kinetischen Verhalten von Bornyl- und Isobornylchlorid veranschaulicht INGOLD durch räumliche Formelbilder für beide Chloride, von denen dasjenige des Isobornylchlorids im Grunde genommen eine „participation" nach WINSTEIN wiedergibt. Aber es ist nicht die hohe Solvolysegeschwindigkeit dieses exo-Chlorids, die für INGOLD zum Ausgangspunkt gemacht wird, sondern diejenige des tertiären Camphenhydrochlorids, das er mit acyclischen tertiären Chloriden vergleicht. Eine „steric acceleration" bei ersterem hält er in der beobachteten Höhe ($6 \cdot 10^3$ gegenüber tertiärem Butylchlorid) für kaum möglich: "From what is known of steric acceleration, it would be very difficult to account for this large kinetic effect on such lines"[46]. Dieses Argument konnte er seinerzeit (1953) mit Recht geltend machen; heute ist es nicht mehr vertretbar, seitdem ähnlich hohe Solvolysegeschwindigkeiten bei hochmethylierten Cyclopentylchloriden festgestellt sind[47].

Die Benutzung des Ausdrucks „resonance"[45] bei der Beschreibung des Zustandes der Synartese läßt erkennen, daß INGOLD der Meinung ist, es können zwischen klassischen ionischen Strukturen bei geeignetem Bau zu energieliefernden Wechselwirkungen kommen, die einen neuen Zustand stabilisierten. Ein Beweis dafür fehlt aber bis jetzt. Alle Versuche, welche durch Erweiterungsversuche der molecular-orbital-Methode[48] deren Anwendung auf σ-Bindungssysteme ermöglichen sollen, sind völlig unbefriedigend geblieben — „far from to be established"[49].

So bleibt es auch heute noch bei Analogieschlüssen, mit denen INGOLD ein Verständnis für die besondere Art einer stabilisierenden Bindung in seinen synartetischen Ionen zu gewinnen versucht[50].

Die Analogie wird in der „Einelektronenbindung"[51] im dimeren Borwasserstoff gesehen, dessen Monomeres ein Elektronensextett

---

[46] Lit. [43], S. 519 oben.

[47] BROWN, H. C., and F. C. CHLOUPEK: J. Amer. chem. Soc. 85, 2322 (1963).

[48] HOFFMANN, R.: J. chem. Physics 39, 1397 (1963); 40, 2480 (1964).

[49] TACHANOWSKY, W. S.: J. org. Chemistry 30, 1666 (1965).

[50] BROWN, F., E. D. HUGHES, CH. K. INGOLD, and J. F. SMITH: Nature (Lond.) 168, 65 (1951) und Lit. [44].

[51] Zuerst wohl bei K. S. PITZER in der „protonated double bond" für Borwasserstoffe, die mit der Formulierung der Silberion-Olefinkomplexe nach WINSTEIN und LUCAS verglichen werden. Vgl. auch WALSH, A. D.: J. chem. Soc. (Lond.) 1947, 89. Trans. Faraday Soc. 45, 179 (1949).

wie ein Kohlenstoffkation besitzt. Freilich treten solche Brücken-bindungen stets paarweise doppelt auf:

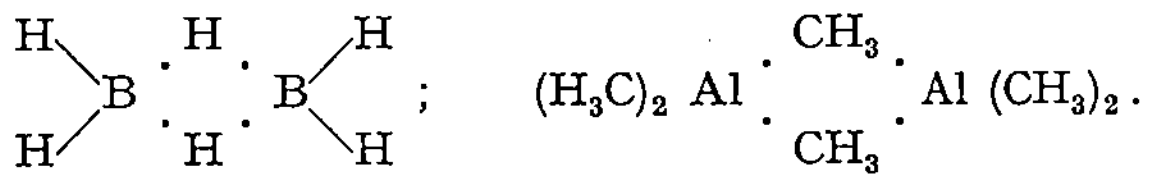

$$\begin{array}{ccc} H & H & H \\ \diagdown & \cdot \quad \cdot & \diagup \\ & B \quad B & \\ \diagup & \cdot \quad \cdot & \diagdown \\ H & H & H \end{array} \quad ; \qquad (H_3C)_2\,Al \overset{\displaystyle CH_3}{\underset{\displaystyle CH_3}{\cdot \qquad \cdot}} Al\,(CH_3)_2 \,.$$

Allerdings dimerisieren trialkylierte Borwasserstoffe nicht.

Entsprechend soll innerhalb eines Kohlenstoffkations der wandernde Rest R mit C_α und C_β durch Einelektronenbindung in einer „überbrückten" Struktur „zusammengeheftet" sein:

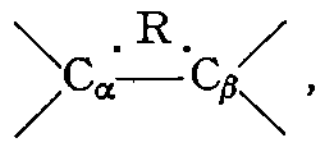

$$\begin{array}{c} \diagdown \quad \overset{\displaystyle \cdot R \cdot}{} \quad \diagup \\ C_\alpha \!\!-\!\! C_\beta \\ \diagup \qquad \qquad \diagdown \end{array} \,,$$

in der allerdings nur *eine* Brücke vorkommt. (Synartese von: συναρτᾶν = zusammenheften.) Hierfür wird das σ-Elektronenpaar, das R in der Ausgangsverbindung an C_α (oder C_β) kettet, aufge-spalten gedacht.

9. Mesomerie bei nichtklassischen Ionen?

Die Struktur mit Einelektronenbindung ist nicht nur von INGOLD aufgestellt, sondern auch sonst bei nichtklassischen Ionen disku-tiert worden. Dort spielt sie aber nur eine Nebenrolle und dient als „Erläuterung" der in der Resonanzhybridstruktur von R aus-gehenden punktierten Linien. Für die Vertreter der Hypothese der nichtklassischen Ionen erscheint sie deswegen nebensächlich, weil das Hauptproblem, ihr Auftreten in einer relativ stabilen Zwischen-stufe, durch die „bequeme" Annahme des Vorliegens einer Meso-merie prinzipiell gelöst erscheint. Bei den synartetischen Ionen INGOLDs kann dagegen die Frage der relative Stabilität seines „stabilised transition state" (was identisch ist mit der Annahme eines „intermediate") durch seine mehr oder weniger vagen An-nahmen über dessen Zustandekommen noch nicht befriedigend gelöst erscheinen. Während sonst die Ansichten von INGOLD und WINSTEIN nicht so weit auseinandergehen, daß sich mit gutem Willen nicht die Sprache des einen in die des anderen übersetzen ließe, liegt hier der springende Punkt des Unterschiedes in den Auf-fassungen. INGOLD muß sich über die innermolekularen Wechsel-wirkungen innerhalb der Carbeniumionen klassischer Struktur Gedanken machen, welche WINSTEIN und die anderen Vertreter der Hypothese von den nichtklassischen Ionen meinen unter Hin-weis auf eine Mesomerie beiseite schieben zu können. Wegen der weitverbreiteten Meinung, das Problem sei hiermit gelöst, sei hier die Frage nach der Anwendbarkeit des Mesomeriebegriffes auf nichtklassische Ionen nochmals kritisch betrachtet[52].

Sie ist bereits aufgeworfen worden, lange bevor Winstein[39] die allgemeine Konzeption von nichtklassischen Ionen gefaßt und diese im Sinne der Mesomerielehre formuliert hatte. Als mesomer sind nämlich schon 1939 Isobornyl- und Camphenylion von Nevell, de Salas und Wilson[41] angesprochen worden, um das tautomere Verhalten der entsprechenden Chloride durch eine gemeinsame kationische Zwischenstufe erklären zu können mit einer zwischen deren klassischen Strukturen liegenden Ionenstruktur. Das reale Ion soll „mesomer" sein. Diese eigentlich von Ingold[53] stammende Idee ist von diesem später bei der Schaffung des Begriffes der synartetischen Ionen ausdrücklich desavouiert worden[44].

Ungeachtet dessen hat sich die Meinung, daß hier und allgemein bei nichtklassischen Ionen „Mesomerie" vorliege, fast überall durchgesetzt. Oft werden dabei die Strukturen klassischer Ionen ausdrücklich als Grenzformeln bezeichnet. So wird das hypothetische Resonanzhybrid von Camphenyl- und Isobornylion folgendermaßen formuliert[54]:

In der ursprünglichen Formulierung[41] fehlt 9d, und in 9a die punktierte Linie zwischen 1 und 2. Nach diesem Vorbild wird auch das 2-Norbornylion ohne die Methylgruppen geschrieben; gelegent-

---

[52] Frühere kritische Diskussion: Hückel, W.: Die vermeintliche Stabilität nicht klassischer Kationen. J. prakt. Chem. [4] **28**, 27 (1965).

[53] Nach Watson, H. B.: Modern theories of organic chemistry, S. 208, Anm. 4. London: Oxford University Press 2. Aufl. 1941.

[54] Berson, J. A.: In P. de Mayo, Molecular rearrangements, S. 120. New York and London: Interscience Publishers 1963.

lich ist dabei 9d als Grenzformel abgelehnt[55], die in der allgemeinen Formulierung von WINSTEIN[39] (S. 26) der Grenzstruktur XVIId

$$= \;>\!\!C \overset{R^+}{=\!\!=} C\!\!<$$

entspricht.[56] Für das Prinzip der Anwendung der Mesomerieschreibweise ist sie ohne Belang.

Die Formel 9a für den als real angesehenen Bindungszustand der Zwischenstufe wird folgendermaßen gelesen: C^6 ist partiell an C^1 wie C^2 gebunden — nach der älteren Vorstellung durch eine Art „Partialvalenzen" im Sinne von ROBINSON[57], nach neuerer durch Einelektronenbindungen. Die Atome bilden ein Dreieck, dessen Seiten gegenüber den normalen Abständen (1,54 Å) verändert sind. Dabei wird durch die punktierte Linie über dem Valenzstrich zwischen C^1 und C^2 angedeutet, daß auch diese Bindung in Mitleidenschaft gezogen ist; sie soll infolge eines geringen „Doppelbindungscharakters" verkürzt sein. An dem durch 9a repräsentierten Grundzustand sollen 9b, c und d mit verschiedenem „Gewicht" beteiligt sein.

Wenn eine solche „Umschreibung" möglich sein soll, müssen die Voraussetzungen für die Anwendbarkeit des Näherungsverfahrens für mesomere Verbindungen zu deren Energieberechnung erfüllt sein, die für 9a eine kleinere Energie ergibt als für 9b—d. Da sie es nicht sind, ist der Schluß auf die relative Energiearmut von 9a falsch.

---

[55] SCHLEYER, P. v. R., M. M. DONALDSON, and W. E. WATT: J. Amer. chem. Soc. **87**, 375 (1965), und zwar S. 376 links oben. Als „Reaktionsformel" veranschaulicht sie die Bildung von exo-Norborneol bei der Solvolyse von Arylsulfonaten des 2-(Δ^3-Cyclopentenyl-)äthanols. R. G. LAWTON, J. Amer. chem. Soc. **83**, 2395 (1961); P. D. BARTLETT und S. BANK, J. Amer. chem. Soc. **83**, 2591 (1961). Eine Aufspaltung des Bicycloheptansystems in dem der Formel 9d entsprechenden Sinne ist bisher noch nie beobachtet worden. Bicycloheptanderivate, die eine gem.-Dimethylgruppe enthalten, können unter Umständen eine Ringspaltung in anderem Sinne erleiden, die zur Struktur eines Δ^1-Menthenderivates führt. Beim Norborneol findet sie, da das quartäre Kohlenstoffatom fehlt, nicht statt; eine solche Ringöffnung müßte bei ihm zum semicyclischen Methencyclohexen oder einer davon abgeleiteten Verbindung führen.

[56] Die Gründe, die für diesen Formeltyp [WINSTEIN, S., and B. K. MORSE: J. Amer. chem. Soc. **74**, 1133 (1952)] von verschiedenen Autoren ins Feld geführt werden, sind zusammengestellt bei SARGENT, G. D.: Quart. Rev. **20**, 301 (1966), und zwar S. 305.

[57] ROBINSON, R.: Mem. Manchester Phil. Sect. **64**, Nr. 4 (1920). Zit. nach H. B. WATSON (Lit. [53]), S. 208, Anm. 90.

Nicht erfüllt ist die Voraussetzung gleicher oder nahezu gleicher Atomlagen in den klassisch geschriebenen Formeln 9b—d. Sie wird bei der üblichen Schreibweise nur vorgetäuscht. Das erkennt man sofort, wenn man statt wie oben vom tertiären Camphenylion vom sekundären Isobornylion ausgeht:

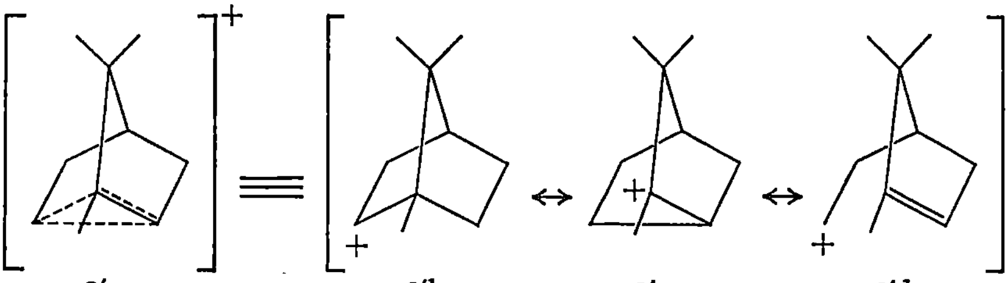

$$9'a \qquad\equiv\qquad 9'b \quad\leftrightarrow\quad 9'c \quad\leftrightarrow\quad 9'd$$

Die Formelreihe 9a—d gibt die Abstände für das Camphenylion richtig, aber für das Isobornylion falsch wieder; für 9'a—d ist es umgekehrt. Soll die für Grenzstrukturen erforderliche Bedingung der Abstandgleichheit erfüllt sein, müssen die klassischen Strukturen verzerrt werden, wie es Corey[58] getan hat, der das Dreieck $C^1C^2C^6$ gleichseitig schreibt. In der allgemeinen Formulierung nach Winstein[39] muß dafür R aus seiner normalen tetraedrischen Lage bis zur Dreieckslage „abgebogen" werden. Die für die Verzerrungen notwendigen Deformationsenergien sind in jedem Falle unbekannt. Somit werden die Energieverhältnisse der jetzt als fiktive Grenzformeln erscheinenden Strukturen vollkommen unübersichtlich und wären schon deswegen als Grundlage für eine Energieberechnung nach einem Näherungsverfahren nicht brauchbar. Nur das Formel*bild* erfüllt jetzt die Bedingungen einer Anwendungsmöglichkeit des Resonanzverfahrens. Aber dieses ist nur für π-Elektronensysteme als brauchbar erwiesen, während hier σ-Elektronen ins Spiel kommen. Mag man sich also wenden wie man will, die Annahme einer Mesomerie oder Resonanz zwischen den Formeln stellt sich jedenfalls als *falsch* heraus.

Überdies lassen alle Formeln die Solvatation der nur solvatisiert auftretenden Ionen außer acht. Selbst wenn eine Energieberechnung für die „nackten" Ionen auf irgendeinem Wege gelänge, würde dies noch keinen bindenden Schluß für die solvatisierten gestatten.

---

[58] Corey, E. J., J. Casanova jr., P. A. Vatakencherry, and R. Winter: J. Amer. chem. Soc. **85**, 169 (1963).

10. Definitionen eines „nichtklassischen Ions"

Mit dem „Begriff" eines nichtklassischen Ions hat man ungefähr ein Jahrzehnt lang gearbeitet, ohne für ihn eine Definition zu geben. Versuche einer Definition finden sich erst spät und sind nicht immer gleichlautend. Dabei hat man sich manchmal an die Ausdrucksweise der Mesomerie angelehnt und von einer „Delokalisation der positiven Ladung" gesprochen, so wie man bei Mesomerie von „delokalisierten" π-Elektronen spricht. So meint SARGENT[59] die nichtklassischen Ionen kurz folgendermaßen charakterisieren zu können: "One of their fundamental properties is the intramolecular delocalisation of positive charge density". Nachdem gerade die Mesomerievorstellung bei nichtklassischen Ionen behandelt worden ist, soll dieser unexakte Definitionsversuch zunächst erörtert werden, obwohl er sich nur in der Ausdrucksweise an diese anlehnt, aber innerlich zu ihr keine Beziehung hat.

Unexakt ist diese Definition deshalb, weil nur solche Ladungen „delokalisiert" werden können, die in den Elektronen konkretisiert sind. Eine solche Delokalisierung ist also immer das Primäre; die Verarmung an Elektronen für bestimmte Stellen eines Moleküls oder Ions ist naturgemäß eine Folge davon, kann also nicht als Ausgangspunkt für eine Definition dienen.

Bei der Ionisierung von C–X-Bindungen entsteht durch heterolytische Abtrennung des Anions X^- ein zunächst streng lokalisierter Mangel von Elektronen am C^+. Falls in diesem Kation keine π-Elektronen in Doppelbindungen oder aromatischen Substituenten vorhanden sind, müssen für eine Delokalisierung von Elektronen σ-Bindungen in Anspruch genommen werden, und „Sitz" oder „Dichte" positiver Ladung sind nicht mehr angebbar.

Folgerichtig hat daher BARTLETT[60] ein nichtklassisches Ion als ein Gebilde definiert, in dessen Grundzustand σ-Elektronen (genauer wäre: „aus σ-Bindungen stammende") delokalisiert sein sollen; den Ausdruck „delokalisierte positive Ladung" hat er vermieden. Seine Definition schließt freilich die selbständige Existenz eines solchen Gebildes und die Annahme, man könne es durch eine Formel wiedergeben, ein; das gibt sich darin zu erkennen, daß er ihm einen „Grundzustand" zuschreibt.

---

[59] Lit. [56,] S. 306.
[60] BARTLETT, P. D.: Nonclassical ions. Preface, S. V. New York and Amsterdam: W. A. Benjamin, Inc.

Noch schärfer kommt dies in der analogen Definition von OLÁH[61] zum Ausdruck, die eine Unklarheit über die Stabilität des definierten Gebildes nicht aufkommen läßt: „Ein Ion wird als ‚nichtklassisch' bezeichnet, wenn es in seinem *Grundzustand* delokalisierte *bindende* σ-Elektronen (wieder exakter: ‚aus σ-Bindungen stammende') aufweist." Aber auch diese Formulierung sagt nichts darüber aus, wie die bindende Wirkung solcher Elektronen (die keine σ-Elektronen mehr sind) zustande kommen und die dabei freiwerdende Energie die Delokalisierungsenergie übertreffen soll.

Um darauf eine Antwort geben zu können, wäre ein denkbarer Weg, von der klassischen Struktur eines Carbeniumions mit fixierter Elektronenlücke deren Rückwirkung auf die verschiedenen σ-Bindungen auszurechnen. Wenn es dafür ein Rechenverfahren gäbe, müßte man die durch die Lücke verursachten Verschiebungen der Elektronen in den σ-Bindungen erhalten. Ein solches steht aber nicht zur Verfügung wie bei mesomeren Systemen das Näherungsverfahren, das sich bei der mathematischen Behandlung der in ihnen vorhandenen π-Elektronen einer Analogie mit Resonanzvorgängen bedienen kann.

Versuche zur Ausgestaltung der molecular-orbital-Methode für die Lösung solcher „σ-Probleme" sind, wie bereits erwähnt, unbefriedigt geblieben[48, 49]. Sie haben erkennen lassen, daß eine solche Lösung nicht mit einem Verfahren zu gewinnen ist, welches dem für π-Elektronensysteme brauchbaren, den Mesomeriebegriff benutzenden verwandt ist. Deswegen ist es direkt *falsch*, wenn man von mesomeren nichtklassischen Kationen spricht. Dies hervorzuheben ist deshalb wichtig, weil immer wieder behauptet wird, diese Meinung sei allgemein angenommen und definiert: "The generally accepted view is that mesomeric or nonclassical ions[62]."

BROWN[63], der nicht an die Existenz nichtklassischer Ionen glaubt, bemerkt zu den Versuchen der Berechnung ihrer Energien:

[61] OLÁH, G.: Chem. Eng. News **45**, 76 (1967).

[62] BUNTON, C. A., and CH. O'CONNOR: Chemistry and Industry **1965**, 1823. Genauso „selbstverständlich" spricht J. A. BERSON noch 1967 von Mesomerie zwischen klassischen Strukturen, zwischen deren Formeln er das Mesomeriezeichen ↔ setzt. BERSON, J. A., J. H. HAMMONS, A. W. McROWE, R. G. BERGMANN, A. REMANICK, and D. HOUSTON: J. Amer. chem. Soc. **89**, 2561 ff. (1967). Dort besonders S. 2590, Anm. 5 Betonung der stabilisierenden Wirkung der Mesomerie. P. D. BARTLETT[60] spricht freilich diese oder eine ähnliche Behauptung nirgends aus.

[63] BROWN, H. C.: The norbornyl cation — classical or non classical? Chemistry in Britain **1965**, 199.

"All attempts to obtain independent confirmation of the resonance energy postulated to be present in the mesomeric (non classical) cation or in the transition state leading to this cation have failed."

Als Alternative zu einem Ion mit „nichtklassischer Struktur" stellt BROWN die Hypothese eines raschen reversiblen Bindungswechsels zwischen klassischen Strukturen auf, die ihm bisher noch nicht hat widerlegt werden können[61].

Die Frage bleibt also offen, ob bei der Isomerisierung bestimmter Carbeniumionen unter Wanderung von σ-Bindungen ein relativ energiearmer Zwischenzustand durchlaufen wird oder nicht, und sich für diesen ein Energiewert ergibt, welcher einer „Resonanzenergie" vergleichbar wäre.

Die Definition, die BROWN für ein „nichtklassisches" Ion gibt — conform to customary usage —, ist denn auch so gehalten, daß sie in gleicher Weise für einen Zwischenzustand (intermediate) wie für einen Übergangszustand (transition state) gelten kann: "A non classical carbonium ion is a carbonium ion in which the position in the structure of one or more atoms is markedly different from the predicted on the basis of classical structure principles."

Danach kann man in der gewöhnlich gezeichneten Formel mit ihrem punktierten Dreiring auch lediglich einen beliebig herausgegriffenen Moment der Wanderung von *R fixiert gedachten* Zustand sehen, über dessen „Lebensdauer" nichts bekannt ist, ebensowenig wie über die sich laufend während der Wanderung ändernden Energieverhältnisse.

Allen Definitionen, außer derjenigen von BROWN, schwebt ein mehr oder weniger konkret aufgefaßtes Strukturbild vor, dessen Eigentümlichkeiten umschrieben werden. Nur BROWNs Definition läßt die Alternative einer dynamischen Betrachtungsweise neben der statischen offen. Denn wenn die klassischen Strukturprinzipien nicht erfüllt sind, kann dies ebenso für ein sich dauernd veränderndes Gebilde wie für ein starres zutreffen. In allen anderen Fällen erscheint an Stelle der dynamischen die besser vertraute statische Darstellung. Ein solcher Ersatz findet sich in vielen älteren Theorien der Waldenschen Umkehrung, nämlich bei denjenigen, welche eine Art Molekülverbindung als Zwischenprodukt postulieren. Auch FISCHER[64] neigte dazu, einer solchen Annahme den Vorzug zu geben. Heute dagegen hat sich LE BEL[65] mit seiner Stoßtheorie,

---

[64] FISCHER, E.: Justus Liebigs Ann. Chem. **381**, 123—141 (1911).
[65] LE BEL, J. A.: J. chim. physique **9**, 323 (1911).

zunächst zwar in unbestimmter Form ausgesprochen, aber einwandfrei dynamisches Denken verkörpernd, im Prinzip für die Umkehrung bei der S_N2-Substitution in der von HUGHES und INGOLD präzisierten Form durchgesetzt. Der Vorgang wird kaleidoskopartig verfolgt, wobei die zeitlich sich verändernden Atomabstände bei Konstruktion einer Abbildung für kurze Zeit als fixiert angesehen werden. Bei der Beschreibung des Zustandes von einem nichtklassischen Ion möchte man diese Zeit gerne etwas verlängert wissen, was durch das willkürliche Postulat eines relativen Energieminimums für eine „bestimmte" — aber unbestimmt bleibende — Lage geschieht, und rechtfertigt so ein Realität vortäuschendes Strukturbild.

11. Die Bedeutung der Solvatation

Alle Formulierungen von Carbeniumionen, klassische und nichtklassische, sind, wie bereits erwähnt, nur für „nackte" Ionen entworfen. Mangels näherer Kenntnis über deren Solvatationszustand berücksichtigen sie diesen nicht. Die Art der Solvatation ist aber dafür entscheidend, in welcher Weise das Ion schließlich durch Wechselwirkung mit seiner Umgebung fixiert wird: Innermolekulare Isomerisationen konkurrieren in ihren verschiedenen Phasen mit Reaktionen der Solvathülle. Letztere können reversibel oder auch irreversibel sein, was die Zusammensetzung der Reaktionsprodukte beeinflußt. Eine Fixierung durch Substitution ist reversibel, wenn das Substitutionsprodukt mehr oder weniger rasch wieder ionisiert, eine Fixierung durch Protonabspaltung, wenn der ungesättigte Kohlenwasserstoff wieder Säure anzulagern vermag, wobei sterisch wie strukturell unterschiedliche Additionen stattfinden können. Die Geschwindigkeitsverhältnisse aller dieser möglichen Reaktionen mit der Solvathülle und der innerionischen Vorgänge bestimmen schließlich die Zusammensetzung der Reaktionsprodukte. Diese ist zeitlich unveränderlich nur dann, wenn die Vorgänge irreversibel sind oder, bei Umkehrbarkeit, nur dann, wenn sie unter den Versuchsbedingungen zu einem thermodynamischen Gleichgewicht führen.

Übertrifft die Geschwindigkeit einer innerionischen Isomerisierung die Geschwindigkeiten der Reaktionen mit der Solvathülle erheblich, so kann die Existenz eines relativ stabilen Zwischenzustandes vorgetäuscht werden, während sich in Wirklichkeit das Zwischengebilde in dauernder reversibler Wandlung befindet.

Diese Vorstellung entspricht der als „Windscheibenwischer-Hypothese" lächerlich gemachten, bisher aber unwiderlegten Vorstellung von BROWN.

Vom ionisierenden Vorgang aus bis zu den Endprodukten kann also eine recht verwickelte Dynamik herrschen. Oft vereinfacht sie sich freilich dadurch, daß manche Prozesse irreversibel sind oder nur so langsam rückläufig werden, daß man die bei ihnen auftretenden Produkte statisch behandeln kann. Mit einer Reversibilität ist bei manchen solvolytischen Vorgängen zu rechnen (s. dazu S. 36), was sich in einer zeitlichen Änderung in der Zusammensetzung der Reaktionsprodukte zu erkennen gibt; für eine genaue kinetische Analyse muß man diese verfolgen, oder man muß die Solvolyse bald nach Beginn unterbrechen und darf dann die gefundenen Reaktionsprodukte und ihr Mengenverhältnis als primär ansehen. Nicht selten freilich lassen unzureichende Angaben über die Solvolysendauer einen solchen Schluß nicht zu.

Die am meisten untersuchten Kryptoionenreaktionen sind solvolytische Vorgänge. Bei ihnen bewirkt das Lösungsmittel die Ionisierung, das sich dann selbst mit dem Ion zu einem elektroneutralen Molekül umsetzt und es so fixiert. Es war bereits hervorgehoben worden, daß eine substituierende Wirkung von ihm in einer S_N1- wie S_N2-Reaktion zustande kommen kann und beide Vorgänge manchmal schwierig oder auch gar nicht auseinander zu halten sind.

Um ein Beispiel zu geben, zeigt bei den Estern von endo- und exo-Norborneol eine Bewahrung der optischen Aktivität unter Umkehr eine S_N2-Substitution durch das Lösungsmittel an; aus dem optisch aktiven Anteil der Konfigurationserhaltung, der praktisch Null ist, würde eine normale S_N1-Reaktion folgen, doch tritt als Folge der Ionisierung eine rasche Racemisierung ein, daß auf diesem Wege nur Racemat erhalten wird. Aber ob alles Racemat über das Ion entsteht, ist wieder fraglich, da sich der exo-Ester durch innere Rückkehr ohne eigentliche Ionisierung zu racemisieren vermag.

Es ist verständlich, daß bei Solvolysen Ionisierungs- und Fixierungsvorgänge durch das Lösungsmittel eng miteinander verknüpft sein können und es schwierig ist, in die dabei stattfindenden Prozesse hineinzuleuchten, zumal wenn innerhalb des Ions mehrere Umlagerungen als Konkurrenz oder Folgereaktionen stattfinden können. Deswegen ist es wichtig, auch noch andere Wege zur

Erzeugung von Kohlenstoffkationen zu haben als die Solvolysen, deren Ergebnisse man — nach der Fixierung des Ions — vergleichen kann. Auf diese an sich nicht neue Idee, die aber nur selten verwirklicht worden ist, hat COREY[58] hingewiesen, indem er gleichzeitig auf die Einseitigkeit des solvolytischen Beobachtungsmaterials aufmerksam machte. Er tat dies anläßlich seiner Arbeit über die Desaminierung von optisch aktivem exo- und endo-Norbornylamin, die gleichzeitig und unabhängig von ihm BERSON[66] untersucht hat. Da die Unterschiede in den Ergebnissen hart an der Grenze der schwierigen analytischen Methodik liegen — COREY findet vollständige, BERSON nur sehr angenäherte Gleichheit in den Reaktionsprodukten —, ist ein exakter Vergleich mit solvolytischen Vorgängen an den Norbornylestern nicht möglich, zumal deren Untersuchung längere Zeit zurückliegt und mit Methoden vorgenommen worden ist, die seitdem erheblich verbessert worden sind. Als Prinzip wichtig ist die Gegenüberstellung von Solvolyse und Desaminierung, da bei letzterer die Bildung des Kryptoions nicht durch das Lösungsmittel, sondern durch innermolekulare Stickstoffabspaltung zustande kommt.

Die Desaminierung primärer Amine mit salpetriger Säure, bei welcher das Lösungsmittel direkt erst beim Fixierungsvorgang einwirkt, hat wegen der Irreversibilität des Ionisierungsvorgangs nicht die Komplikationen, die sich wegen der Reversibilität desselben bei Solvolysen einstellen können. Aber die Bildung des Kryptoions ist hier stark exotherm, und man bezeichnet deswegen ein auf diesem Wege entstandenes Ion häufig als „heiß" und erklärt damit teilweise die von einer Solvolyse verschiedenen Resultate. Zweifellos kann die exotherme Reaktion die Aktivierungsernergie für Vorgänge liefern, die bei Solvolysen nicht eintreten, aber außer diesem Faktor ist zweifellos die Art der Gruppierung der Lösungsmittelmoleküle um das Ion von Bedeutung, die wesentlich anders ist als bei Solvolysen. Denn keineswegs immer führt die Desaminierung zu weitergehenden Umlagerungen als die Solvolyse. Beispielsweise bleibt bei der Desaminierung von Cyclohexylamin der Sechsring in den Reaktionsprodukten Cyclohexanol und Cyclohexen ebenso erhalten wie in den gleichen oder analogen Produkten bei der Solvolyse, bei der, wenn nicht Wasser zugegen ist, statt des Cyclohexanols dessen Äther oder Ester entstehen, je nachdem Alkohole oder Säuren als Solvens gewählt wurden.

---

[66] BERSON, J. A., and A. REMANICK: J. Amer. chem. Soc. **86**, 1749 (1964).

Es gibt sogar Beispiele, wo wegen mangelnder Reversibilität Desaminierungen nicht zu weitergehender Umlagerung führen, wie man sie bei Solvolysen beobachten kann. Einen Hinweis in dieser Richtung hat bereits ROBERTS[67] gefunden. Seine Versuche sind mit in 3 durch ^{14}C markiertem 2-Amino-norbornan und in 2 oder 3 markiertem Norborneol (exo- und endo-) bereits 1954 durchgeführt worden; durch oxydativen Abbau wird der eingetretene Platzwechsel der Atome im Bicycloheptangerüst festgestellt. Daraus ergibt sich das Vorliegen von zwei aufeinanderfolgenden Reaktionen, nämlich der Atomverschiebung infolge einer Umlagerung vom Wagner-Meerwein-Typ und einer 1,3-Wanderung von Wasserstoff. Letztere, in der Terpenchemie als 2,6-Verschiebung bezeichnet, hat sich später als eine 1,2-Verschiebung herausgestellt[68], was ROBERTS nicht wissen konnte, übrigens für das Prinzip der von ihm gewonnenen Erkenntnisse ohne Belang ist. Diese bestehen zunächst darin, daß es sich um zwei voneinander unabhängige Vorgänge handelt, die nicht durch dieselbe Zwischenzustandsformel (ob diese als Bild für ein intermediate oder für einen transition state anzusehen ist, läßt er offen) beschrieben werden können. Die dafür entworfenen Bilder, von denen die des „Nortricyclobutoniumions" (XIII in der Arbeit von ROBERTS[67]) wie die der 1,3-Wasserstoffwanderung (XII) als widerlegt gelten können, haben für das hier vorliegende Problem nichts zu sagen, da es bei diesem nur auf das *Ausmaß der Atomverschiebung im Bicycloheptangerüst als Ergebnis zweier voneinander unabhängiger Folgereaktionen* unter verschiedenen Versuchsbedingungen ankommt. Dabei sind folgende Feststellungen wichtig:

Die Desaminierung von 2-Amino-norbornan in Eisessig zeigt für exo- und endo-Amin keinen nennenswerten Unterschied, was durch die späteren Untersuchungen von COREY[58] und BERSON[66] bestätigt worden ist.

Die Folgereaktion der (indirekten) 2,6-Verschiebung findet bei der Desaminierung nur zu $< 20\%$ statt gegenüber von fast 50% bei der Acetolyse von Norbornylbrosylat.

Bei der Variation des solvolysierenden Lösungsmittels: Aceton + Wasser (75:25), Eisessig, Ameisensäure stellt ROBERTS eine Zunahme der Umgruppierung der Atome in der angegebenen Reihenfolge

---

[67] ROBERTS, J. D., C. C. LEE, and W. H. SAUNDERS jr.: J. Amer. chem. Soc. **76**, 4501 (1954). Vgl. auch **77**, 3034 (1955): Dehydrobornylderivate.

[68] HÜCKEL, W., u. D. VOLKMANN: Justus Liebigs Ann. Chem. **664**, 31 (1963). — HÜCKEL, W., u. E. N. GABALI: Chem. Ber. **100**, 2766 (1967).

fest, was er richtig auf sekundäre Isomerisationen in der Lösung zurückführt. Die Bedeutung der „inneren Rückkehr" beim exo-Ester als Konkurrenz zur Ionisierung, die bei der Desaminierung entfällt, schätzt er richtig ein. Freilich kann man ihm darin nicht zustimmen, daß er diese Rückkehr durch ein „internal compensated ion pair" (von WINSTEIN später „intimated ion pair"[69] genannt) beschrieben wissen will; dieser Ausdruck ist nämlich insofern irreführend[70], als dabei der Säurerest wie der den Platz wechselnde Kohlenstoff beide anionisch wandern und dabei das stehenbleibende Kohlenstoffgerüst nur in wenig unterschiedlicher Weise polarisieren.

Klarer kommen die im Prinzip gleichen Verhältnisse bei den Terpenverbindungen vom Pinakolintyp (Alkohole wie Amine) heraus, wo das Verhältnis der Wagner-Meerwein-Umlagerung zur indirekten 2,6-Verschiebung infolge der quartären Natur des Brückenkopfes erheblich zugunsten der ersteren verschoben ist. Die beiden Umlagerungen sind in der Fenchanreihe analytisch zu unterscheiden, weil sie zu strukturisomeren Produkten führen. Bei der Desaminierung von exo- und endo-Amin bleibt die 2,6-Verschiebung ungeachtet der Exothermie des Vorgangs völlig aus[71]. Ebenso findet man sie nicht bei der durch Calciumcarbonat neutral gehaltenen Alkoholyse[72]; bei der gepufferten Acetolyse wird sie in geringem Umfange beobachtet, bei der gepufferten Formolyse führt sie ebenso wie bei der Verwendung von Eisessig-Schwefelsäure zum thermodynamischen Gleichgewicht zwischen exo-Fenchyl- und exo-Isofenchylester (nebst den entsprechenden Kohlenwasserstoffen $(\alpha + \zeta)$- bzw. $(\beta + \gamma)$-Fenchen[72].

Im übrigen verläuft bei den endo-exo-Isomeren die Solvolyse wie die Desaminierung für die trimethylierten exo-Verbindungen einfacher als für die endo-Isomeren. Bei Solvolyse sind die „Nebenprodukte" bei letzteren, die nichtsdestoweniger charakteristisch sind, geringfügig; bei der Desaminierung wird eindeutig ein zweiter Weg der Retropinakolinumlagerung, der sich bei der Methanolyse nur angedeutet findet, eingeschlagen; er führt unter Ringspaltung zu monocyclischen Terpenverbindungen und macht in der Fen-

[69] WINSTEIN, S., E. CLIPPINGER, A. H. FAINBERG, and G. C. ROBINSON: J. Amer. chem. Soc. **76**, 2597 (1954), und zwar S. 2598 links oben.

[70] HÜCKEL, W.: J. prakt. Chem. [4], 320 (1965), und zwar S. 331.

[71] HÜCKEL, W., u. J. SCHEEL: Justus Liebigs Ann. Chem. **664**, 19 (1963).

[72] HÜCKEL, W., u. H.-J. KERN: Justus Liebigs Ann. Chem. **687**, 40 (1965).

chanreihe fast die Hälfte, in der Bornanreihe ungefähr ein Drittel der Reaktion aus. Für die exo-Isomeren beträgt er nur etwa 1 %. Der Unterschied gegenüber den sich fast gleich verhaltenden exo-endo-isomeren 2-Aminonorbornanen ist auffallend. Die Erklärung ist an anderer Stelle gegeben worden[73].

12. Ionisierung in Lösungsmitteln mit Ansolvosäuren

Um auf physikalischem Wege den Zustand der Ionen zu erfassen, muß man ihre Entstehung in einem Solvens vornehmen, das nur die Ionisierung bewirkt, die Ionen nur solvatisiert, aber nicht weiter mit ihnen reagiert. Man verzichtet dabei auf ihre Fixierung, bei der man erst nachträglich indirekt aus den elektroneutralen Produkten auf ihren Bau und ihre Umwandlungen schließen kann. Die Methode der Kernresonanz gestattet, in solchen Lösungen gewisse Struktureigentümlichkeiten wie Gleichheit oder Ungleichheit bestimmter Wasserstoffatome zu erkennen. Als besonders stark ionisierendes Gemisch, in welchem die Ionen durch Solvatation stabilisiert erscheinen, hat G. A. OLÁH[74] flüssiges Schwefeldioxyd und Antimonpentafluorid, das als Komplexbildner das Ionisierungsvermögen stark erhöht, auch mit Zusatz von SO_2F_2 oder FSO_3H, gewählt; darin werden organische Halogenide gelöst.

Aus diesen sind wegen des ganz andersartigen Mediums von vornherein nicht die gleichen Ionen zu erwarten wie bei Solvolyse und Desaminierung. Die Desaminierung ist wegen Nichtumkehrbarkeit der Ionen erzeugenden Reaktionen stets eine kinetisch kontrollierte Reaktion. Solvolysen können dies ebenfalls sein, aber bei ihnen kann sich darüber eine thermodynamische Kontrolle wegen der Umkehrbarkeit der dabei möglichen Vorgänge lagern. Bei rascher Reversibilität der Reaktionen mit der Solvathülle und genügender Dauer der Solvolyse kann sie allein für die Zusammensetzung der Reaktionsprodukte maßgebend werden.

Neuartige Möglichkeiten für umkehrbare Vorgänge ergeben sich in dem von OLÁH verwendeten Gemisch. Man kann deren Art aus den bereits vorliegenden Erfahrungen über die Wirkung von Ansolvosäuren wie Zinkchlorid als wasser- oder säureabspaltendes Mittel ableiten. Die dabei erhaltenen Reaktionsprodukte sind wesent-

---

[73] HÜCKEL, W.: Ann. Acad. Sci. fenn., Ser. A, II Chemica Nr. 134 (1966).

[74] OLÁH, G. A., E. B. BAKER, J. C. EVANS, W. S. TOLGYESI, J. S. McINTRE, and I. J. BASTIEN: J. Amer. chem. Soc. 86, 1360 (1964).

lich komplizierter zusammengesetzt als bei Solvolysen; der Unterschied zwischen dem komplexbildenden Zinkchlorid und der nur mäßig sauren, aber nicht zur Komplexbildung neigenden wasserfreien Phosphorsäure ist schon lange bekannt. Beispielsweise entstehen aus endo-Fenchol und Zinkchlorid nicht weniger als 13 bicyclische Terpenkohlenwasserstoffe $C_{10}H_{16}$[75]. Starke Acidität bei geringer Komplexbildung allein eröffnet aber auch neue Wege, wenn auch nicht so zahlreiche. So gibt endo-Fenchol mit $KHSO_4$ bei raschem Abdestillieren des gebildeten Kohlenwasserstoffs über 20% Cyclofenchen[76,77], dessen Dreiring bei längerem Erhitzen mit $KHSO_4$ auf 150° unter Bildung von $\beta + \gamma$- und $\alpha + \zeta$-Fenchen geöffnet wird. $(\beta + \gamma)$-Fenchen, fast 50%, sind hier sicher zum erheblichen Teil über das Cyclofenchen entstanden und nicht wie bei Solvolysen in schwach saurer Lösung aus tert.-β-Fenchenhydratester, der dabei durch 1,6-Hydridwanderung aus tert.-α-Fenchenhydratester gebildet wird. Die Bildungsweise von β- aus Cyclofenchen unter dem Einfluß von Wasserstoffion haben schon KOMPPA und NYMAN[78] vermutet.

Mit diesen Reaktionswegen und möglicherweise noch anderen hat man bei Lösungen von Halogeniden im „Oláh"-Gemisch zu rechnen. Neben innere Isomerisationen des Ions und dessen reversible Substitution durch Halogenion in deren verschiedenen Phasen treten Abspaltung von Halogenwasserstoff, die zu Kohlenwasserstoffen mit Doppelbindung oder Cyclopropanring führen kann, und dessen Wiederanlagerung in saurer Lösung. Schließlich, und zwar wegen der starken ionisierenden Kraft des Mediums im allgemeinen recht bald, wird das thermodynamische Gleichgewicht zwischen isomeren Halogeniden und Ionen erreicht werden. Dabei

---

[75] PULKKINEN, E.: Ann. Acad. fenn., Ser. A, II Chemica Nr. 74 (1956).

[76] QVIST, W.: Justus Liebigs Ann. Chem. **417**, 278 (1918).

[77] HÜCKEL, W., u. H.-J. KERN: Justus Liebigs Ann. Chem. **687**, 40 (1965), und zwar S. 75. Das Ergebnis der Gaschromatographie stimmt mit dem präparativen Befund von QVIST überraschend gut überein.

[78] KOMPPA, G., u. G. A. NYMAN: Justus Liebigs Ann. Chem. **535**, 232 (1938); **543**, 111 (1940). Vgl. dazu auch KOMPPA, G., u. S. BECKMANN: Justus Liebigs Ann. Chem. **503**, 136 (1933).

wird das Halogenid infolge starker Komplexbildung weitgehend ionisiert sein, aber nichtsdestoweniger als Zwischenstufe bei Abspaltungs- und Anlagerungsvorgängen eine wichtige Rolle spielen können. Über die zu Isomerisierungen des Ions führenden Wege kann man aus den Kernresonanzspektren nur bedingt Antwort erhalten.

Das Norbornangerüst bleibt in einer „Oláh-Lösung" als Ganzes unverändert erhalten; das geht daraus hervor, daß aus einer solchen Lösung von 2-Fluor- oder 2-Chlornorbornan durch Hydrolyse reines exo-2-Norborneol entsteht. Der Platzwechsel der Atome innerhalb desselben geht aber weiter als bei einfachen Solvolysen oder der Desaminierung der 2-Aminonorbornane, wo er sich auf die untere Hälfte des Moleküls beschränkt. Würde er auch die obere Hälfte erfassen, wozu eine 2,3-Wanderung von Wasserstoff erforderlich wäre, so wären alle Atome ununterscheidbar geworden; da dies nicht der Fall ist, konnte ROBERTS[67] diese 2,3-Wanderung ausschließen. In der „Oláh-Lösung" tritt sie aber von $-23°$ an aufwärts mit meßbarer Geschwindigkeit ein. Dies zeigt sich im Kernresonanzspektrum durch Auftreten nur *eines* Signals bei längerem Verweilen bei dieser oder höherer Temperatur. Bei $-60°$ erscheinen statt dessen 3 Signale; der Wechsel läßt sich durch Erwärmen und Abkühlen beliebig oft hervorrufen. Die Temperaturabhängigkeit des Vorgangs hat annähernd seine Aktivierungsenergie zu 10,8 kcal bei einer Aktionskonstante von etwa $2 \cdot 10^{12}$ berechnen lassen, ebenso seine um den Faktor 10^9 geringere Geschwindigkeit gegenüber den anderen, einen Platz- und Bindungswechsel bewirkenden Reaktionen, der Umlagerung vom Wagner-Meerwein-Typ und der 2,6-Verschiebung[79]. Ebensowenig wie bei diesen gestattet über die Art des Zustandekommens der 2,3-Verschiebung — ob Hydridwanderung innerhalb des Ions oder Abspaltung und Wiederanlagerung von Halogenwasserstoff — das Kernresonanzspektrum eine Aussage, ebensowenig wie auch über eine eventuelle Bildung eines nichtklassischen Ions. Die Betrachtungsweise ist hier folgerichtig rein dynamisch.

Die Umlagerung vom Wagner-Meerwein-Typ und die 2,6-Verschiebung unterscheiden sich zu wenig in ihren Geschwindigkeiten, als daß sie sich, in analoger Weise wie die 2,3-Wanderung des Wasserstoffs von ihnen, hätten auseinanderhalten lassen, auch wenn man das Spektrum bei wesentlich tieferen Temperaturen aufnimmt.

---

[79] SAUNDERS, M., P. v. R. SCHLEYER, and G. A. OLÁH: J. Amer. chem. Soc. **86**, 5680 (1964).

Eine Ergänzung zu den Beobachtungen am 2-Halogenid bilden die Untersuchungen über die stufenweise Hydrolyse von „Oláh-Lösungen" des 1- und 7-Chlornorbornans bei verschiedenen Temperaturen[80]. Wie die dabei gemachten Beobachtungen zu deuten sind, ist in Übereinstimmung mit der Originalarbeit an anderer Stelle ausführlich auseinandergesetzt[81].

Eine andere Arbeit über Kernresonanz von Halogeniden in den starken Ansolvosäuren SbF_5–SO_2 (I), SbF_5–FSO_3H (II) und SbF_5–HF–SO_2 (III) läßt die Mannigfaltigkeit der möglichen Vorgänge in Lösungen starker Ansolvosäuren erkennen. Das gleiche Spektrum des tertiären Methyl-cyclopentyl-Kations erhält man von nicht weniger als 8 verschiedenen Strukturen aus [82]; das thermodynamische Gleichgewicht, in dem dieses Kation als das weitaus stabilste praktisch allein vorhanden ist, wird auch bei —60° sehr rasch erreicht. Die Verbindungen, aus denen dasselbe Kation entsteht, sind folgende:

Mithin finden Isomerisierungen statt, wie sie bei kryptoionischen Solvolysen und Desaminierungen nicht beobachtet werden; z.B. wird dabei der unsubstituierte Sechsring nicht zum Fünfring verengt. Wohl aber kennt man eine analoge Ringverengerung schon lange bei der Einwirkung von Aluminiumchlorid oder -bromid auf Cyclohexan (und entsprechende Strukturänderungen bei anderen gesättigten Kohlenwasserstoffen) bei Gegenwart von etwas ungesättigtem Kohlenwasserstoff und einer Spur Halogenwasserstoff[83].

[80] SCHLEYER, P. VON R., W. E. WATTS, R. C. FORT jr., M. H. COMISAROW, and G. OLÁH: J. Amer. chem. Soc. 86, 5679 (1964).

[81] HÜCKEL, W.: Ann. Acad. Sci. fenn., Ser. A, II Chemica Nr. 134, 17—20 (1966).

[82] OLÁH, G. A., and J. LUKAS: J. Amer. chem. Soc. 89, 2227 (1967).

[83] Literatur bei HÜCKEL, W.: Theoretische Grundlagen der organischen Chemie, 9. Aufl., Bd. I, S. 725. Leipzig: Akadem. Verlagsgesellschaft 1961.

man sich dies meistens zum Ziel der experimentellen Forschungen gemacht und den Versuchsergebnissen eine dementsprechende Deutung zu geben versucht. Dabei ist aus den experimentellen Daten nicht immer leicht herauszulesen, was eigentlich mit ihrer Hilfe wirklich bewiesen werden kann und was nicht. Eine theoretische Unsicherheit in der Deutung, wie sie einstens bei der Waldenschen Umkehrung mit ihren etwa 20 Hypothesen bestand, ist dabei nicht festzustellen. Meistens hat man sich nämlich von dem blinden Glauben an die Mesomerie oder etwas Ähnliches bei hypothetischen Zwischenzuständen leiten lassen. So scheinen hier durch eine einzige Hypothese umfangreiche experimentelle Untersuchungen ausgelöst.

Die Bedeutung der teilweise recht verschiedenartigen Experimente hat Bartlett zusammengefaßt. Das *theoretische* Ergebnis aller Forschungen erscheint ihm jedoch so wichtig, daß er es vorwegnimmt.

Die Hypothese von den nichtklassischen Ionen soll zu einer Ausdehnung der Valenztheorie geführt und eine Begegnung der organischen Chemie mit den Bindungsprinzipien in Verbindungen mit Elektronenmangel vom Typ der Borane vermittelt haben.

Dieser Behauptung — mehr ist es nicht — muß schärfstens widersprochen werden. Sie setzt die Existenz nichtklassischer Ionen als durch Strukturbilder wiedergebbare, relativ energiearme Zustände (intermediates) voraus und sieht die in ihnen herrschenden Bindungszustände als vollkommen geklärt im Sinne der Ingoldschen Hypothese an. Davon kann aber keine Rede sein, denn es besteht hier nur die formale Analogie einer „Einelektronenbindung", die noch nicht einmal vollständig ist (S. 29), und über deren Formalismus man auch nicht einen Schritt hinausgekommen ist. Denn zu einem physikalisch brauchbaren Ansatz, welcher auf einen energieliefernden Vorgang beim Schließen solcher „Bindungen" führt, ist man auf Grund der für nichtklassische Ionen vorgeschlagenen Strukturen nicht gelangt; eine Entscheidung zwischen Zwischenzustand und Übergangszustand (intermediate or transition state) ist deswegen heute noch ebensowenig möglich wie früher, zumal immer nur „nackte" Ionen, nicht solvatisierte, betrachtet werden.

Die mannigfaltigen *experimentellen* Erfahrungen, die Bartlett zusammenstellt, sind nicht zu leugnen: Vertiefte Einblicke in die Ionisierungsvorgänge in Lösung nebst den dazu erforderlichen Methoden; einige elegante Verfahren für stereochemische Studien;

besondere Gesichtspunkte grundlegender Art für die Chemie der Bicyclo-hexane, -heptane und -octane. Bei einer kritischen Einstellung zu diesen Erfolgen kann aber nicht übersehen werden, daß sie die Forscher ihrem eigentlichen Ziel, dem „Beweis" einer Struktur für als relativ stabil angesehene nichtklassische Ionen nicht näher gebracht haben, so daß ihre Existenz heute noch ebenso als unbewiesen gelten muß wie zu der Zeit, als ihr nicht scharf umrissener „Begriff" geschaffen wurde. Die Deutungen der Versuchsergebnisse durch Formelbilder, die — ohne Berücksichtigung der Solvatation — ebenso einem Zwischen- wie Übergangszustand entsprechen können, liefern in keinem Falle ein Abbild vom wahren Reaktionsverlauf; sie können daher nur den Wert einer „zweckmäßigen" Veranschaulichung beanspruchen. Dabei können einzelne Versuche wohl die Zweckmäßigkeit bestimmter Bilder widerlegen, aber nicht die „Existenz" eines ihnen entsprechenden Gebildes beweisen. Die Strukturbilder, die bisweilen bis zu Modellen für eine — bisher nicht durchführbare — Behandlung nach der molecular-orbital-Methode gehen, verdunkeln manchmal die prinzipiellen Fragen, die auf eine dynamische Betrachtungsweise hinführen müßten, wie sie bei der Behandlung der Kernresonanzspektren gehandhabt worden ist (S. 43).

Jedenfalls ist die Hypothese von den nichtklassischen Ionen nicht durch in ihr steckende Ideen fruchtbar gewesen. Umgekehrt hat vielmehr letzten Endes die in ihr steckende Unsicherheit die zahlreichen und mannigfaltigen Experimente veranlaßt, deren Ergebnisse mit ihrer Hilfe zu deuten versucht worden sind.

Als Leistung der Hypothese wird oft die Voraussage des stereospezifischen Verlaufs von Reaktionen hingestellt, beispielsweise die ausschließliche (oder fast ausschließliche) Bildung von exo-Derivaten des Norbornans. Aber diese Folgerung ergibt sich in gleicher Weise, ob man nun die für das nichtklassische Ion benutzte „Dreiecksformel" mit unbekannter Lage ihres Scheitels als Ausdruck für einen Zwischenzustand oder für einen Übergangszustand betrachtet, in welchem die wandernde Gruppe R in irgendeinem Punkte ihrer Bewegung festgehalten erscheint. Den Herantritt eines durch Substitution fixierenden Substituenten von der Seite, auf der sich R befindet, hindert sie in gleicher Weise mehr oder weniger stark.

Auf den Kernpunkt der Hypothese, der in der Beantwortung der Grundfrage: Zwischenstufe oder Übergangszustand besteht, geht bisher kein Experiment zielbewußt ein. Auf chemischem Wege,

mit Hilfe der Methoden der organischen Chemie, die zur Strukturaufklärung dienen, ist die Lösung des Problems auch nicht möglich.
Man geht deswegen experimentell darum herum und macht dabei
die von Bartlett hervorgehobenen experimentellen Erfahrungen.
Zur Entscheidung sind bisher nur unbewiesene und unbeweisbare
Hilfshypothesen oder mißverstandene „Begriffe" herangezogen worden. Allmählich scheint sich die Erkenntnis durchzusetzen, daß ein
dynamisches Problem vorliegt, das rein strukturell nicht zu lösen
ist. Die Ausdeutung der Kernresonanzspektren weist darauf hin[80-82].

IV. Struktur- und Reaktionsformeln

14. Thieles Partialvalenzhypothese, verglichen mit der Hypothese von nichtklassischen Ionen

Das nichtklassische Ion ist eine Konstruktion, die auf recht
unsicherem theoretischen Boden aufbaut wie so manche Theorie
in der organischen Chemie, die im Laufe der Zeit durchschritten
worden ist. Es lassen sich in ihren Grundlagen sogar offensichtliche Irrtümer wie die Art der Anwendung des Mesomeriebegriffes
nachweisen. Aber auch wenn man diese ausmerzt, bleiben Unsicherheiten bestehen. Deren Ursache ist letzten Endes die doppelte Aufgabe, die man einer Strukturformel zuweist. Nach ihrer ursprünglichen Definition, die ganz klar bereits von Butlerow 1861 umrissen worden ist, hat sie Lage und gegenseitige Beziehung der Atome
im Molekül wiederzugeben. Darüber hinaus hat man in ihr später
aber auch einen Ausdruck für dessen Reaktionsvermögen gesehen.
Dieses kommt offensichtlich in den Symbolen für die mehrfachen
Bindungen und schließlich auch in der vielumstrittenen Konstitution des aromatischen Ringes zum Ausdruck. Bei gesättigten
Verbindungen wird das unterschiedliche Reaktionsvermögen der
Atome, z.B. von primär, sekundär oder tertiär oder am aromatischen Ring gebundenem Halogen, verdeckt durch den „alles gleichmachenden" Bindestrich der einfachen σ-Bindung[86]. Durch doppelte
oder dreifache Bindung erscheint die Starrheit dieses für die Reaktionsfähigkeit nichtssagenden Systems durchbrochen; die besonderen Funktionen der π-Bindungen treten in Erscheinung. Schreibt

---

[86] Eine kritische Einstellung hierzu findet sich bereits bei W. W. Markownikow, vgl. Ber. dtsch. chem. Ges. **38**, 4255 (1895); Michael, A.: J.
prakt. Chem. [2] **60**, 288 (1899). Siehe dazu Hückel, W.: Theoretische
Grundlagen der organischen Chemie, 9. Aufl., Bd. I, S. 219—220. Leipzig:
Akadem. Verlagsgesellschaft 1961.

man statt der Strichformeln Elektronenformeln, so fallen noch einsame Elektronenpaare, die sich als π-Elektronen behandeln lassen, bei Radikalen auch ungepaarte Elektronen auf, die mit spezifischem Reaktionsvermögen gepaart sind.

Das Nichtübereinstimmen von einer Strukturformel mit mehreren Doppelbindungen und Reaktionsformel hat THIELE erkannt und auf Grund umfangreichen experimentellen Materials über 1,4-Additionen bei konjugierten Systemen seine Partialvalenzhypothese aufgestellt, welche eine gegenseitige Beeinflussung der konjugierten Doppelbindungen vorhersehen läßt. An der eigentlichen atomaren Struktur des konjugierten Systems ändert er dabei nichts, sondern — in der damaligen Ausdrucksweise — nur an der Valenzbetätigung der Atome in den Bindungen, also die Beziehungen zwischen ihnen. In der heutigen Auffassung läuft dies auf eine andere Verteilung der π-Elektronen hinaus, die nicht mehr starr einem bestimmten Atom zugeordnet zu werden brauchen. Das bedeutet einen neuartigen Bindungszustand, der bei Symmetrie des konjugierten Systems wie im Butadiën oder 1,4-Diphenylbutadiën streng die 1,4-Addition als Gesetz fordert, wenn anders Konstitutions- und Reaktionsformel zusammenfallen sollten. Letzteres schien THIELE so selbstverständlich, daß er an mögliche 1,2-Additionen in solchen symmetrischen Systemen nicht glauben, sondern solche nur bei Unsymmetrie dulden wollte. Vom heutigen Standpunkt aus gesehen, wollte er damit nur ein Reagieren vom Grundzustand aus gelten lassen. Über diesen Zwiespalt ist THIELE selbst nie hinweggekommen; der Ausbreitung seiner Theorie hat er aber nicht geschadet. Zumal in Deutschland wurde in der Folge seine Theorie in teilweise recht willkürlicher Weise weiter entwickelt, die durchaus nicht immer im Sinne ihres Schöpfers war.

So wenig sicher und physikalisch unverständlich die Grundlagen dieser Theorie waren, so haben sie sich doch 30 Jahre später in begrenztem Umfange in die Sprache der Physik übersetzen lassen und zum Mesomeriebegriff geführt. Ein wesentlicher Punkt, die gegenseitige Absättigung von Partialvalenzen an dem mittleren Atomen eines konjugierten Systems, konnte von E. HÜCKEL[87] physikalisch erklärt werden. Dies war möglich, weil THIELE an

---

[87] HÜCKEL, E.: Z. Physik **60**, 423 (1930); — Z. Elektrochem. **36**, 641 (1930). Vollständige Literaturangaben in: Grundzüge der Theorie ungesättigter und aromatischer Verbindungen. Z. Elektrochem. **43**, 752—788, 827—849 (1937).

der Geometrie der atomaren Struktur festgehalten hat. In diese hat er eine Reaktionsformel hineinprojiziert in der Erkenntnis, daß dem Reaktionsvermögen mit der klassischen, starren Valenzstrichformel mit Doppelbindungen diese nicht Rechnung trägt. Deshalb bastelt er an dem Bindungszustand der doppelt gebundenen Atome, eine gegenseitige starke Beeinflussung bei konjugierter Lage annehmend, herum, obwohl man damals physikalisch überhaupt nichts von der Art des Zustandekommens einer chemischen Bindung wußte. Er hat dies vom Experiment aus intuitiv in so genialer Weise getan, daß die 30 Jahre später mögliche physikalische Behandlung der konjugierten Systeme die in diesen gegenüber dem additiven Schema der Bindungsenergien, das sonst gut brauchbar ist, stattfindende Energieverminderung an dem Prinzip der Beeinflussung nichts zu ändern brauchte. Nur die über die einfache Konjugation hinausgehende Stabilisierung des aromatischen Ringes, die nicht einfach durch die Ringstruktur erklärt werden kann wie bei Thiele, hat dieser nicht richtig erfaßt; das Geheimnis der Sechs-(allgemeiner $4n+2$)-Zahl der π-Elektronen konnte er bei seiner primitiven Betrachtungsweise nicht lüften. Ebensowenig konnte diese der unterschiedlichen Spezifität von 1,2- und 1,4-Additionen (beispielsweise addieren nur konjugierte Systeme nascierenden Wasserstoff) Rechnung tragen.

Die Strukturformel wird hier zur Reaktionsformel, wenn man in ihr zusätzlich die Bindungszustände der Atome zum Ausdruck zu bringen vermag und dabei — über Thiele hinausgehend — nicht allein den Grundzustand als maßgebend ansieht. Eine wenigstens angenäherte Wiedergabe angeregter Zustände ist zur Vervollständigung des Bildes notwendig. Dann lassen sich beide Begriffe in Einklang bringen, *wenn man sich auf π-Elektronensysteme beschränkt.*

Heute glaubt man vielfach, sich eine solche Beschränkung nicht mehr auferlegen zu müssen. 50 Jahre nach Aufstellung der Thieleschen Partialvalenzhypothese meint man, von der „Natur der chemischen Bindung" so viel mehr zu wissen als damals, daß man, umgekehrt wie Thiele, von Bindungszuständen aus auf die Stabilität von Strukturen rückschließen zu dürfen glaubt, deren atomare Geometrie nicht genau definiert ist. Dies ist bei der Hypothese von den nichtklassischen Ionen der Fall.

Man geht hier von einem Bild aus, das die Leichtigkeit einer strukturellen Umlagerung, bei der sich σ-Bindungen austauschen, veranschaulichen soll. Seine Beziehungen zu klassischen Strukturen bleiben unklar. Man muß dabei nämlich, mag man das Bild formelmäßig ausdrücken wie man will, den klassischen Strukturformeln Gewalt antun. Das liegt schon in der an sich nichtssagenden Annahme, daß die nichtklassischen Ionen Strukturen haben sollen, die „irgendwie zwischen den klassischen" liegen. Schreibt man diese im Versuch, den Mesomeriebegriff zu erweitern, so, daß die Atomlagen unverändert erscheinen, so wird dabei entweder die eine oder die andere klassische Struktur, z. B. von Isobornyl- und Camphenylion, erheblich verzerrt (S. 32). Trägt man einer solchen Änderung von beiden Seiten her Rechnung, wie COREY[58] es tut, lassen sich aus einer Reaktionsformel die eintretenden Strukturänderungen herauslesen; als Strukturformel bleibt diese aber unbestimmt wegen Unkenntnis von Abständen und Winkeln im Dreieck

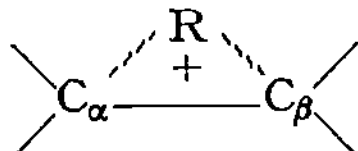

Aber auch die Auffassung eines solchen Bildes als Reaktionsformel allein, ohne exakte Beziehung zu einer bestimmten atomaren Geometrie, bereitet Schwierigkeiten. Die eine liegt darin, daß die gleichen Umlagerungen, für die man bei raschem Eintreten nichtklassische Ionen postuliert, auch bei Ionen stattfinden, die langsam aus Stereoisomeren durch ionisierende Solvolysen entstehen. Einem solchen Einwand ist — ob mit Recht, bleibt dahingestellt — leicht zu begegnen: Das nichtklassische Ion, das sich rasch bildet, ist eben energieärmer als ein langsam sich bildendes klassisches; wenn letzteres primär entsteht, lagert es sich unter Energiegewinn in ersteres um und erleidet dann die Umlagerung.

Schwerwiegender erscheint der Umstand, daß Umlagerungen von Carbeniumionen, mögen diese sich rasch oder langsam bilden, nach verschiedenen Richtungen hin in Konkurrenz- oder Folgereaktion möglich sind. Dann ist eine gemeinsame Zwischenphase, gleichgültig, ob man sie als Übergangszustand oder Zwischenstufe auffaßt, nicht zu formulieren. Soll man nun solche Umwandlungen einfach nichtklassisch formulieren, ohne eine Entscheidung darüber abzuwarten, ob es sich um Isomerisationen am Ion oder um die Folge von reversiblen Abspaltungs- und Anlagerungsvorgängen handelt, was beispielsweise bei Isomerisationen in einer „Oláh-Lösung" eine noch vollkommen offene Frage ist?

Nicht klassische Bilder für Wagner-Meerwein-Umlagerung und 2,6- bzw. 6-1-Verschiebung sowie 2,3-Wasserstoffverschiebung geben ROBERTS[67], WINSTEIN[88] und DEWAR[89]:

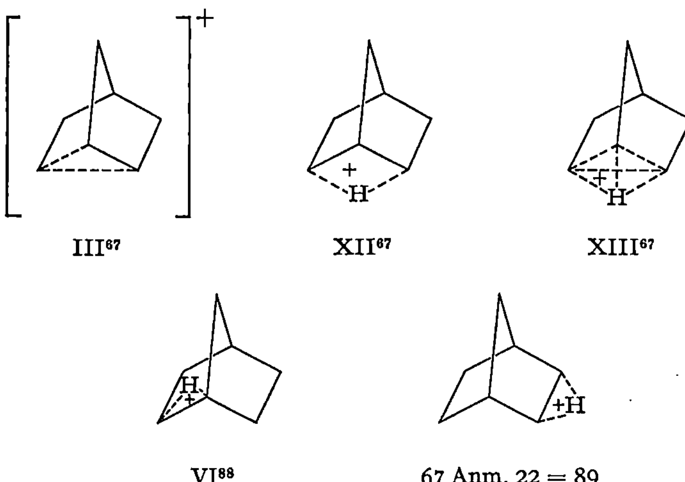

III[67]   XII[67]   XIII[67]

VI[88]   67 Anm. 22 = 89

Man muß den gesicherten Boden der Geometrie der klassischen Strukturformeln, der bei THIELE wie bei der Mesomerievorstellung der Ausgangspunkt ist, zugunsten eines unsicheren Bildes für eine Reaktionsformel verlassen; für dessen Aufstellung gibt es keine Regel, geschweige denn eine physikalische Begründung. Eine Analogie zur Thiele-Lösung, wie sie in primitiver Form, dem damaligen Stand der Kenntnisse entsprechend, zuerst ROBINSON[57] versucht hat, gibt es, wenn σ-Bindungen an den Umwandlungen beteiligt sind, nicht.

Die synartetischen Ionen INGOLDs (S. 27) sind vom gleichen Standpunkt aus als Reaktionsformeln zu bewerten wie die Vorschläge für die Formeln von nicht klassischen Ionen. Auch sie bieten keine wirkliche Lösung der mannigfaltigen Umlagerungsprobleme.

Die nichtklassischen Ionen verdanken ihre Beliebtheit einmal der mehr oder weniger guten Brauchbarkeit der für sie entworfenen Formelbilder zur Veranschaulichung von unter Umlagerung sich

---

[88] COLTER, A., E. C. FRIEDRICH, N. J. HOLNESS, and S. WINSTEIN: J. Amer. chem. Soc. 87, 378 (1965).

[89] DEWAR, M. J. S.: Ann. Reports. Chem. Soc. (Lond.) 1951, 121; [67] (ROBERTS), Anm. 22, S. 4505.

vollziehenden Reaktionsverläufen (die vorgeschlagenen Bilder sind freilich in komplizierteren Fällen nicht immer übersichtlich) und dem blinden Glauben, daß bei Wanderung einer Gruppe ein Zustand existieren müsse, der bei irgendeiner mittleren Lage dieser Gruppe ein relatives Energieminimum gegenüber den Nachbarlagen aufweise, also stabilisiert sei. Die ihn repräsentieren sollenden Formeln sind primär *Reaktionsformeln,* bei denen darüber noch eine Entscheidung zu treffen ist, inwieweit sie analog statischen *Strukturformeln* aufgefaßt werden dürfen, was bisher jedoch in keinem Falle entschieden ist. Unabhängig davon sind solche Formeln mehr oder weniger zweckmäßig gestaltete Ausdrücke für das Reaktionsvermögen von Verbindungen, die nach einem Ionenmechanismus reagieren.

Sitzungsberichte

der

Heidelberger Akademie der Wissenschaften

Mathematisch-naturwissenschaftliche Klasse

Jahrgang 1967/68

Heidelberg 1968

Springer-Verlag

INHALT

Jahrgang 1967/68

1. E. FREITAG: Modulformen zweiten Grades zum rationalen und Gaußschen Zahlkörper 1

2. H. HIRT: Der Differentialmodul eines lokalen Prinzipalrings über einem beliebigen Ring 51

3. H. E. SUESS, H. D. ZEH und J. H. D. JENSEN: Der Abbau schwerer Kerne bei hohen Temperaturen 71

4. H. PUCHELT: Zur Geochemie des Bariums im exogenen Zyklus . . 83

5. W. HÜCKEL: Die Entwicklung der Hypothese vom nichtklassischen Ion. Eine historisch-kritische Studie 289

Inhalt des Jahrgangs 1951:
1. A. Mittasch. Wilhelm Ostwalds Auslösungslehre. DM 11.20.
2. F. G. Houtermans. Über ein neues Verfahren zur Durchführung chemischer Altersbestimmungen nach der Blei-Methode. DM 1.80.
3. W. Rauh und H. Reznik. Histogenetische Untersuchungen an Blüten- und Infloreszenzachsen sowie der Blütenachsen einiger Rosoideen, I. Teil. DM 10.—.
4. G Buchloh. Symmetrie und Verzweigung der Lebermoose. Ein Beitrag zur Kenntnis ihrer Wuchsformen. DM 10.—.
5. L. Koester und H. Maier-Leibnitz. Genaue Zählung von β-Strahlen mit Proportionalzählrohren. DM 2.25.
6. L. Heffter. Zur Begründung der Funktionentheorie. DM 2.30.
7 W. Bothe. Die Streuung von Elektronen in schrägen Folien. DM 2.40.

Inhalt des Jahrgangs 1952:
1. W. Rauh. Vegetationsstudien im Hohen Atlas und dessen Vorland. DM 17.80.
2 E. Rodenwaldt. Pest in Venedig 1575—1577. Ein Beitrag zur Frage der Infektkette bei den Pestepidemien West-Europas. DM 28.—.
3 E. Nickel. Die petrogenetische Stellung der Tromm zwischen Bergsträßer und Böllsteiner Odenwald. DM 20.40

Inhalt des Jahrgangs 1953/55:
1 Y. Reenpáa. Über die Struktur der Sinnesmannigfaltigkeit und der Reizbegriffe. DM 3.50.
2 A. Seybold. Untersuchungen über den Farbwechsel von Blumenblättern, Früchten und Samenschalen. DM 13.90.
3. K. Freudenberg und G. Schuhmacher. Die Ultraviolett-Absorptionsspektren von künstlichem und natürlichem Lignin sowie von Modellverbindungen. DM 7.20.
4 W. Roelcke Über die Wellengleichung bei Grenzkreisgruppen erster Art. DM 24.30.

Inhalt des Jahrgangs 1956/57:
1. E. Rodenwaldt. Die Gesundheitsgesetzgebung der Magistrato della sanità Venedigs 1486—1550. DM 13.—.
2. H. Reznik. Untersuchungen über die physiologische Bedeutung der chymochromen Farbstoffe. DM 16.80.
3. G. Hieronymi. Über den altersbedingten Formwandel elastischer und muskulärer Arterien. DM 23.—.
4. Symposium über Probleme der Spektralphotometrie. Herausgegeben von H. Kienle. DM 14.60.

Inhalt des Jahrgangs 1958:
1. W. Rauh. Beitrag zur Kenntnis der peruanischen Kakteenvegetation. DM 113.40.
2. W. Kuhn. Erzeugung mechanischer aus chemischer Energie durch homogene sowie durch quergestreifte synthetische Fäden. DM 2.90.

Inhalt des Jahrgangs 1959:
1. W. Rauh und H. Falk. Stylites E. Amstutz, eine neue Isoëtacee aus den Hochanden Perus. 1. Teil. DM 23.40.
2. W. Rauh und H. Falk. Stylites E. Amstutz, eine neue Isoëtacee aus den Hochanden Perus. 2. Teil. DM 33.—.
3. H. A. Weidenmüller. Eine allgemeine Formulierung der Theorie der Oberflächenreaktionen mit Anwendung auf die Winkelverteilung bei Strippingreaktionen. DM 6.30.
4. M. Ehlich und M. Müller. Über die Differentialgleichungen der bimolekularen Reaktion 2. Ordnung. DM 11.40.
5. Vorträge und Diskussionen beim Kolloquium über Bildwandler und Bildspeicherröhren. Herausgegeben von H. Siedentopf. DM 16.20.
6. H. J. Mang. Zur Theorie des α-Zerfalls. DM 10.—.